农作物种植技术管理丛书

怎样提高玉米种植效益
（第2版）

王庆祥　编著

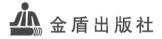
金盾出版社

内 容 提 要

本书由沈阳农业大学王庆祥教授编著，作者在剖析农民在玉米生产中存在的认识误区和主要问题基础上，结合我国玉米栽培技术的新进展，就如何提高玉米种植效益进行了全面阐述。内容包括：怎样认识玉米生产面临的机遇与挑战、怎样选择玉米高产良种、怎样确定玉米最适种植密度、怎样提高玉米的施肥效益、怎样提高玉米的灌溉效益、怎样做好玉米播种与田间管理、怎样搞好玉米病虫害的防治、怎样种好专用玉米、怎样搞好玉米地膜覆盖栽培、怎样搞好玉米间套复种、怎样运用玉米节本增效保护性耕作技术和怎样运用玉米机械化高产栽培技术。语言通俗易懂，理论与实际相结合，技术先进实用，可操作性强，适合玉米种植户、农业技术推广部门和基层农业技术人员、农林院校师生阅读参考。

图书在版编目（CIP）数据

怎样提高玉米种植效益 / 王庆祥编著. -- 2 版.

北京 : 金盾出版社，2024. -- ISBN 978-7-5186-1796-8

Ⅰ. S513

中国国家版本馆 CIP 数据核字第 20241L71L8 号

怎样提高玉米种植效益（第 2 版）
ZENYANG TIGAO YUMI ZHONGZHI XIAOYI

王庆祥　编著

出版发行：金盾出版社	**开　本**：710mm×1000mm　1/16	
地　　址：北京市丰台区晓月中路 29 号	**印　张**：10.125	
邮政编码：100165	**字　数**：179 千字	
电　　话：（010）68214039	**版　次**：2006 年 12 月第 1 版	
（010）68276683	2024 年 10 月第 2 版	
印刷装订：北京凌奇印刷有限责任公司	**印　次**：2024 年 10 月第 14 次印刷	
经　　销：新华书店	**印　数**：84001 ~ 86000 册	
	定　价：39.00 元	

前　言

　　玉米种植技术的研究和应用对于提高玉米产量和品质、降低生产成本、提高劳动效率和经济效益具有重要意义。提高玉米种植效益、实现玉米增产增收是一门综合性和应用性都很强的学问，其实现路径主要是研究玉米的生长发育规律与环境条件、调控措施之间的相互关系及技术原理，探讨充分发挥玉米品种遗传潜力的途径等。

　　本书第一版于 2006 年 12 月完成并出版，受到广大读者欢迎，相继重印13 次，发行 8.4 万册。全书在剖析农民在玉米生产中存在的认识误区和主要问题的基础上，结合我国玉米栽培技术的新进展，就如何提高玉米种植效益进行了全面阐述。包括玉米生产概况及种植效益市场分析、玉米良种选用、合理密植、科学施肥、节水灌溉、病虫草害防治、专用玉米栽培、地膜覆盖、间套复种模式、节本增效保护性耕作技术等多个方面的内容。

　　现代农业科技的飞速发展，很大程度上促进了玉米栽培学的理论研究与应用技术的进步。中国玉米生产方式也发生了巨大变化，由过去片面追求高产转变为以稳产、高效、优质、绿色、可持续生产为目标。为了跟上玉米生产发展的步伐，适应玉米生产的新形势，满足玉米种植户的需求，保证本书的适用性和先进性，笔者对原书进行修订。根据金盾出版社的建议和要求，笔者对第 1版中相对陈旧的知识点和数据信息进行了全面的更新和修正，在保留了第 1 版的基本构架基础上，为了适应玉米栽培机械化的发展需要，增加了玉米机械化高产栽培技术一章。本书编写和修订过程中参考和引用了大量相关科技文献和资料，在此对其编著者及出版者表示真挚的谢意。书中缺点和不足之处，敬请广大读者批评指正。

目　录

第一章　怎样认识玉米生产面临的机遇与挑战

一、发展玉米生产的意义

（一）玉米在农业生产中的地位

玉米是一种重要的粮食作物，起源于美洲大陆，已有数千年的栽培历史。因适应性好、产量高、品质好、潜力大、经济效益高，玉米已成为人类种植最广泛的谷类作物之一。自 1998 年以来，世界玉米的总产量已经超过稻谷和小麦。玉米是世界上产量最高和增产潜力最大的谷类粮食作物，并已成为世界上贸易量最大的粮食产品。

玉米是人类和畜禽的重要食物，同时也是重要的工业和医药原料。20 世纪中叶，在发达国家玉米生产的主要目的逐渐转为饲料生产，直至 2023 年，世界生产的玉米仍有 70% 作为饲料。随着化工业的发展和不可再生能源——石油的紧张，以玉米淀粉作为最初原料，生产出乙醇等一系列化工产品。

我国玉米生产，无论是播种面积，还是单产和总产量均呈稳定增长的趋势。玉米生产的快速发展主要得益于杂交种的采用、品种更新、生产条件改善与综合配套栽培技术水平的提高。随着畜牧业和粮食加工业的发展，玉米在我国粮食生产中的地位将越来越重要。但国内玉米生产仍无法满足消费的需求，从 2008 年开始，中国由玉米出口国变成玉米进口国。

（二）玉米的重要价值

1. 玉米的食用价值

玉米营养丰富，食用价值很高。普通玉米籽粒一般含有大约 12% 的蛋白质、65% 的淀粉和 4 % 的脂肪。玉米中还含有多种维生素，且维生素含量非常高，为稻米、小麦的 5~10 倍。其中维生素 B_6、维生素 B_3（烟酸）等成分，具有刺激胃肠蠕动、加速粪便排泄的特性，可防治便秘、肠炎、肠癌等；维生素C等成分，有长寿、美容作用；维生素E则有促进细胞分裂、延缓衰老、降低血清胆固醇、降血脂、防止皮肤病变的功能，还能减轻动脉硬化和脑功能衰退。此外，玉米胚所含的营养物质有增强人体新陈代谢、调整神经系统的功能，抑制、延缓皱纹产生，起到使皮肤细嫩光滑的作用。每100克玉米能提供近300毫克的钙，与乳制品中的钙含量差不多。玉米中所含的胡萝卜素，被人体吸收后能转化为维生素A，维生素A具有防癌作用；玉米含有的纤维素能加速致癌物质和其他毒素的排出。

特种玉米的营养价值要高于普通玉米。甜玉米的蛋白质、油分及维生素含量就比普通玉米高1~2倍；"生命元素"硒的含量则比普通玉米高8~10倍；其所含有的17种氨基酸中，有13种氨基酸的含量高于普通玉米。

此外，鲜玉米的水分、活性物、维生素等各种营养成分也比老玉米高很多，因为在贮存过程中，玉米的营养物质含量会快速下降。

玉米油也具有很好的食用价值和保健价值。据统计，2022年，世界玉米油产量达到350万吨。美洲地区仍是玉米油生产的主要地区，达到210万吨；亚洲和欧洲分别是玉米油产量第二和第三大的地区，各达到80.6万吨和39.2万吨；非洲生产玉米油17.6万吨；大洋洲生产玉米油3.3万吨。中国是世界第二大玉米油生产国，2022年中国玉米油产量达到51.4万吨。

2. 玉米的饲用价值

玉米被称为饲料之王，饲用价值很高。世界上大约70%的玉米都用作饲料，发达国家饲用玉米占比高达80%，是畜牧业赖以发展的重要基础。玉米籽粒，特别是黄粒玉米，可直接作为猪、牛、马、鸡、鹅等畜禽饲料，特别适用于肥猪、肉牛、奶牛、肉鸡。随着饲料工业的发展，浓缩饲料和配合饲料广泛应用，单纯用玉米作饲料的量已大为减少。玉米秸秆也是良好饲料，特别是用作牛的高能饲料，可以代替部分玉米籽粒。玉米秸秆的缺点是含蛋白质和钙少，因此需要加以补充。秸秆青贮不仅可以保持茎叶鲜嫩多汁，而且在青贮过程中经微生物作用产生乳酸等物质，增强了适口性。玉米加工副产品也可作为饲料应用，如玉米湿磨、干磨、淀粉、啤酒、糊精、糖等加工过程中生产的胚、麸皮、浆液等。

3. 玉米的工业用途

玉米的工业用途非常广泛，特别是玉米作为生物加工的再生资源，也将发挥越来越重要的作用。可以利用玉米发展具有国际竞争力的传统产品，例如柠檬酸、赖氨酸等。还可以扩大玉米淀粉糖在食品工业中的应用。利用玉米适度发展燃料酒精，减少国家对进口石油的依赖，确保能源安全。玉米变性淀粉可以代替许多化工产品应用于纺织、造纸、涂料、印染等工业领域。还可以用玉米为原料制造生态塑料，解决日益严重的"白色污染"和石油资源短缺问题。此外，玉米化工醇技术已经具备了工业化的条件，琥珀酸、苹果酸的生产技术也在开发中。这些产品在国内的市场潜力很大。

我国玉米消费主要用于饲料和工业消费，二者占到了 90% 以上。加强玉米的综合利用，提高玉米的附加值，充分利用玉米中的各种成分不仅有助于各种衍生产品成本的降低，还可以减少环境污染。因此，建设大型玉米加工和转化基地是我国玉米加工产业发展的必由之路。

二、玉米生产概况

（一）世界玉米生产概况

联合国粮食及农业组织（FAO）数据表明，1961 年以来全球玉米产量总体呈增长趋势。1961–1970 年平均年产量为 2.38 亿吨，1991–2000 年增至 5.58 亿吨，每 10 年平均增产 32.8%。进入 21 世纪以来，玉米产量总体上延续了 40 年来的增长势头，由 2001 年的 6.16 亿吨增至 2013 年的 10.18 亿吨，年均增长 4.3%。作为高产农作物，全球每年玉米总产量一直保持在 11 亿 ~12 亿吨的水平，远超小麦、水稻。中美两国作为农业大国，都种植了大面积的玉米，两国的玉米总产量占到了世界的半数以上。

在全球玉米消费中，2021 年美国以 3 亿吨消费量排名第一；其次为中国，消费量为 2.85 亿吨。欧盟、巴西、墨西哥分列第三、第四、第五位。从消费结构来看，中美差异较大，美国玉米消费主要集中在玉米加工，饲料用途的占比不到 45%，而中国玉米消费主要用于饲料，占比超过 70%。

（二）我国玉米生产概况

我国玉米生产发展很快，种植面积和总产量仅次于美国，居世界第二位。21 世纪中国玉米种植面积扩大，受益于政策、气候、品种和技术。2022 年，我国玉米种植面积达到 4307 万公顷，超过了水稻和小麦的种植面积，玉米产量达到 27720 万吨。玉米种植面积和总产量在粮食作物中均居首位，使玉米在国家粮食安全中的地位逐渐增强，成为保障粮食安全的重要作物。

我国玉米生产区域分布广泛，南至海南岛、北至黑龙江，全国一年四季都有玉米种植。我国玉米在各地区的种植分布并不均衡，主要集中在东北、华北和西南地区，大致形成一个从东北到西南的斜长形玉米种植带。种植面积较大的省份主要有黑龙江、吉林、河北、山东、河南、内蒙古、辽宁等，这7个省份玉米播种面积占到全国总播种面积的66%左右。

我国幅员辽阔，玉米种植形式多样。东北地区、华北北部地区有春玉米，黄淮海地区有夏玉米，长江流域有秋玉米，海南及广西地区有冬玉米。但最重要的种植形式还是春、夏玉米。春玉米主要分布在黑龙江、吉林、辽宁、内蒙古、宁夏五省区全部玉米种植区，河北、陕西两省的北部、山西省大部和甘肃省的部分地区，西南诸省的高山地区。其共同特点是由于纬度及海拔高度的原因，积温不足，难以实行多熟种植，以一年一熟春玉米为主。相对于夏播区，大部分春播区玉米生长期更长，单产水平也更高。

夏玉米主要集中在黄淮海地区，包括河南全省、山东全省、河北中南部、陕西中部、山西南部、江苏北部、安徽北部，西南地区也有部分面积。

三、世界玉米贸易形势及预测

近年来，全球玉米生产总体保持增长趋势，供给充裕，需求稳定增加，价格持续下行。受生物质能源发展、投机资本以及气候变化等因素的影响，全球玉米市场价格变动的不确定性加大。生物质能源发展增加了对玉米的非传统需求，打通了玉米市场与能源市场之间的通道，使能源市场的波动更加直接快速地传导到玉米市场。全球主要经济体经济增速放缓、主要玉米生产国连年丰收，玉米价格回升的可能性不大。

在国内玉米供应充足、工业需求疲弱、玉米及替代品进口影响加大的背景下，国内玉米市场价格总体运行预计将延续弱势，国内外价差可能会有所缩小，但仍将保持较大水平。受价差拉动，玉米及其饲用替代产品的进口压力依然较大，未来我国玉米产业健康发展仍将面临严峻挑战。

（一）世界玉米供求形势

主要生产国玉米丰收导致全球粗粮（主要为玉米）库存创历史新高，但全球粗粮产量将继续保持增长势头。根据世界粮农组织（FAO）预测，到2024年全球粗粮的总产量将达14.4亿吨，期末库存2.7亿吨。总体看，未来5~10年全球玉米供给充裕，能够满足消费增长的需要。

全球玉米出口高度集中，美国、巴西、阿根廷、乌克兰贸易量占全球贸易总量近90%。玉米在美国的出口量还在逐渐增加，从2001年的4800万吨增至2022年的6350万吨，累计增幅超30%，除2012年大减产导致出口大幅下滑，美国出口量基本位居全球第一，随着巴西、阿根廷及乌克兰玉米种植面积的不断扩大，出口量也明显增加，美国玉米出口面临其他国家的激烈竞争。中国虽然是世界第二大玉米主产国，但出口量极少，主要原因是国内需求较旺，还受国家玉米临时收储等政策的影响。根据FAO预测，到2024年全球以玉米为主的粗粮出口量将达到1.85亿吨，年均增长1.5%，粗粮贸易量占产量的比重仍将保持在13%左右。

（二）中国玉米进口快速增长

我国虽然是玉米生产大国，但同时也是玉米进口大国，2001–2009年中国一直是玉米净出口国，2003年出口量最高，达1639万吨。从2010年开始，我国正式成为玉米净进口国，进口量约占到全球的11%，在全球玉米贸易中占有重要地位，2022年我国进口玉米数量达到2062万吨。我国进口玉米来源主要是美国、乌克兰、阿根廷等国，2010–2014年，美国玉米是我国进口玉米的第一大来源。而从2015年开始，乌克兰后来居上，取代美国成为我国玉米第一大进口来源。直到2021年，我国玉米进口需求激增，美国玉米重新夺回第一来源的宝座，美乌两国的玉米几乎占据了我国进口玉米99%的份额，其中美国占70%，乌克兰占29%，其他国家进口量微乎其微。

随着中国经济的发展，中国玉米需求量增长比生产增长更为强劲，每年仍然需要大量进口，2022年中国玉米的需求量已达到29781.89万吨，未来，受饲料需求增长以及深加工等因素的影响，中国玉米需求量将持续增长，玉米供需缺口还将进一步扩大。

四、中国玉米行业市场现状及发展预测

（一）中国玉米行业现状

中国农户每户平均耕地规模0.5公顷，玉米生产规模小，单产水平不高。中国玉米生产成本不断上升，与全球玉米主要出口国的成本差距进一步拉大。简单折算来看，美国玉米种植成本只是中国的70%左右。从成本构成来看，我国玉米种植成本主要集中在人工、化肥和土地（表1-1）。

表 1-1 中国玉米种植成本构成

（全国农产品成本收益汇编，2021）

年份 项目	2016 年 / 元 / 公顷	2017 年 / 元 / 公顷	2018 年 / 元 / 公顷	2019 年 / 元 / 公顷	2020 年 / 元 / 公顷	变动 /%	复合年均 增长率 （CAGR）/%
种子	849.0	831.0	835.5	825.0	817.5	-3.7	-0.74
化肥	2077.5	2145.0	2259.0	2326.5	2305.5	11	2.6
农药	243.0	250.5	256.5	279.0	292.5	20	4.8
租赁作业	1716.0	1750.5	1759.5	1773.0	1845.0	7.5	1.8
人工	6871.5	6618.0	6502.5	6372.0	6570.0	-4.4	-1.1
土地	3569.1	3154.5	3412.5	3610.5	3742.5	4.9	1.2
其他费用	4227.0	3801.0	646.5	651.0	625.5	85	-38
合计	19553.1	18550.5	18550.5	15801	16198.5	2.3	0.3
现金收益	5118.0	6385.5	6696.0	7229.0	10873.5	48.9	20.7

我国玉米种植成本中人工支出比例最高，2020 年达到 41%，土地成本占比次之。与美国相比，玉米种植成本结构差异较大。由于美国机械化耕作水平较高，土地成本占比最高，折旧及化肥费用支出次之。我国玉米产量在每公顷 5~6 吨，低于美国玉米单产每公顷 9~10 吨的水平。加之美国玉米种植补贴较高，中国农户与美国农户玉米种植收入差距巨大。

我国玉米平均每千克价格在 2.24 元左右，而美国玉米的价格非常低，平均每千克只有 0.86 元，仅是我国的三分之一左右。近年来，在生产成本不断增长和临时收储政策推动下，玉米国内市场与国际市场的价差不断拉大，中国本土玉米生产压力也不断加大，产业发展受国际市场低价玉米的挑战日益严峻。

（二）中国玉米行业发展预测

玉米价格是受多种因素影响的，包括季节性供求关系、天气变化、政策法规等。近 3 年玉米价格受到新冠疫情的影响，进出口贸易减少，加上气候变化导致收成减少，导致玉米价格上涨。研究数据显示，受全球人口增加和粮食需求增长的影响，未来数年内玉米价格有望持续上涨。另外，土地价格也是玉米价格的关键因素之一，土地价格的上涨或下跌都会直接或间接地影响到农作物价格。土地价格受城市化、工业化等因素的影响，且不同地区的土地价格存在差异，需具体分析。如果土地价格过高，投入成本就很高，会使得农作物价格上涨，反之亦然。然而，除了考虑影响玉米价格的因素外，还需要考虑玉米的适种面积和市场需求量，以避免种植过剩导致价格下跌。因此，从长远发展和环境可持续性的角度出发，应该根据市场和自身经济状况来合理规划种植面积，适当进行玉米种植。同时，国家应加强相关政策的引导和调控，以维护市场价格稳定和农民的利益。

五、中国玉米生产发展的策略

中国是玉米消费大国，每年的玉米消费量近 3 亿吨。因为供给上的短缺，中国已成为全球最大的玉米进口国。在粮食作物中，玉米进口量仅次于大豆的进口量。整体来说，随着农业技术的发展以及机械化的提升，我国的玉米稳产增产之路将会持续下去，有很大的潜力可挖。未来几年，中国玉米年产 3 亿吨以上是可以期待的。

（一）优化玉米生产发展目标和政策

近几年，我国玉米相关政策不断调整优化。国家实施玉米单产提升工程、逐步扩大玉米完全成本保险和种植收入保险实施范围、完善玉米生产者补贴。在相关产业政策支持下，我国玉米种植面积保持稳定态势，玉米总产量维持稳定局面，玉米市场价格趋于稳定。同时中央明确支持包括玉米在内的主要作物，扩大生物育种产业化应用试点，中国众多公司有望受益于生物技术的发展，农民有望因此增收，粮食供应也有望更加安全。

中华人民共和国农业农村部 2022 年提出，未来 10 年玉米产量保持继续增长，玉米供求关系将由偏紧逐渐转为基本平衡。预计在 2032 年，玉米播种面积达到 4400 万公顷；单产保持 1.7% 的年均增长速度；产量将稳步提升至 32869 万吨，年均增长 2.0%；消费量将达 33235 万吨，年均增长 1.5%；期末玉米自给率将达 96.9%；进口量持续下降，减至 685 万吨。

（二）发展玉米工业、加速玉米转化增值

应用现代科学技术进行深加工，是改进和提高农产品品质的重要途径，也是促进农村产业结构向高级化发展、产品多层次利用和增产增收的阶梯。大力发展配合饲料工业，积极发展食品加工业，稳步发展现代玉米工业。玉米淀粉、高果糖浆、玉米油、玉米乙醇及其他深加工产品，其需求有不断扩大的趋势，对玉米原料的需求不断增加，不仅能够有效扩大玉米消费量，而且将会对玉米收购价格起到较强的支撑作用。除了保证原料供应，拉长产业链条，发展现代玉米工业，还要引进国外先进设备和技术，鼓励外企和民企投资玉米工业。

（三）加快科研体制改革和种子产业化进程

随着贸易自由和资源引进，跨国种业集团公司和外资的进入，将对我国种质创新和培育新种创造新条件，同时加剧中国种业市场的竞争。促进玉米育种科研体制改革，加速种业技术、经营管理和企业制度的现代化进程，客观上将促进种业体制改革和技术革新。在未来几年内中国玉米种业将面临大改组、大兼并、大发展的新形势，新型种业集团公司将在竞争中发展。

（四）提高玉米综合品质，增强市场竞争力

总体来说，中国玉米的营养品质较高，其中各类高蛋白、高油、高淀粉、高赖氨酸等品种应有尽有。但中国玉米加工品质跟不上去，商业品质较差，在国际市场竞争力低。因此，要加强科学研究，提高玉米综合品质：一是通过育种途径不断提高养分含量；二是通过发展食品加工业制成各种形、色、香、味俱佳的食品，增强玉米食品的适口性；三是通过发展高科技检测技术，保证玉米的商业品质，适应国际市场竞争的新形势。

（五）依靠科技进步挖掘玉米增产潜力

玉米是我国增产潜力最大的谷物之一，要做到21世纪玉米持续增产，必须依靠科技进步和技术创新，创造一个适宜的物质投入和技术投入环境，采用优良品种和配套栽培技术。提倡多项技术科学组装，克服单项技术之短，使其综合效应显著高于单项技术所起的作用，把适用的先进单项技术和传统的精细农业结合，良田、良制、良种、良法配套，组建新型耕作栽培技术体系。

六、提高玉米种植效益的措施

采取提高玉米种植效益的措施，采用玉米高产高效种植技术，可以在有限的土地资源上提高玉米单株生产量，实现单位面积玉米超高产和高效益目标。借助先进的经营管理策略，能满足传统劳动密集型耕作方式的需求，有效降低人工种植成本。首先，玉米高产高效益种植技术是对传统耕作技术及经验的有

效继承与突破，能在相同种植密度下，通过改善农作物生长环境，提供农作物生长所需的自然条件，从而提高玉米单位面积产量。其次，玉米高产高效种植技术能减少耕作程序，减少人工种植管理时间，缩小劳动强度，降低生产成本，提高工作效率与种植收益。

（一）发展玉米规模化种植

玉米市场化收购之后，在发挥市场作用的同时，国家主要通过组织引导、产业扶持、资金补贴等政策，切实保障玉米生产的健康发展和农民的利益。玉米种植面积需要适度稳定，国家积极扶持规模连片的种植大户，特别是种粮大户、专业合作社等适度规模经营主体。规模化种植能有效降低玉米种植成本，提高效益。发展规模化种植，土地流转是首要问题。通过土地流转实现了土地集中连片种植，为玉米规模化、集约化和机械化种植提供了必要前提条件。

（二）全程机械化降低种地成本

在玉米价格下滑的形势下，如果继续按照传统模式种植玉米，生产成本太高，利润很低甚至亏损。现在玉米从播种、喷药、施肥、收割到烘干，可以全部实现机械化操作。目前国家对使用一些农机具实行补贴政策，其中包括深松整地、免耕播种、高效植保、节水灌溉、高效施肥的机具和秸秆还田离田、残膜回收等支持绿色发展的措施。这一政策非常有利于提高玉米生产的机械化水平和生产效率。通过降低玉米播种、浇水、施肥、喷药、收割等各个环节的成本，从土地里获得更多的效益。

（三）推广玉米节本增效高产栽培技术

农业农村部在北方春玉米区推广了几项玉米节本增效高产栽培技术，其中包括玉米密植高产全程机械化生产技术，膜下滴灌水肥一体化增产技术，玉米大垄双行高产栽培技术等。在黄淮海夏玉米区域大力推广玉米与花生、玉米与大豆间作技术，实现了农机农艺基本配套，具备了大面积推广的基础。不仅可以促进农民增收，而且可以实现"稳粮增油"，提高土地利用率，缓解粮油争地矛盾。同时，禾本科与豆科间作还具有改良土壤、降低病虫害等作用。

"一增四改"是农业农村部重点推广的玉米增产新技术，"一增"指的是在原来种植密度的基础上，增加种植密度，在现有密度偏稀的地区和地块，将每公顷种植株数增加 7500~15000 株，使种植密度达到 70000~80000 株 / 公顷，提高单位面积内有效的株数、成穗数及千粒重。"四改"包括以下四项内容，一是由种稀植品种改种耐密植的品种；二是由等行种植改为宽窄行种植，逐步将黄淮海夏玉米区的套种玉米改为贴茬直播，并适当延迟收获；三是由粗放施肥改为依据土壤肥力状况、玉米生育需肥规律以及施用肥料的利用率，采用测土配方技术施肥；四是由以人工种植为主改为机械化种植为主，实行机耕、机种、机收等全程机械作业。

第二章 怎样选择玉米高产良种

一、玉米杂交种选用上的误区

购买优良种子是玉米增产的前提，但在选购种子上存在许多误区。在此提醒广大农民朋友，在选购种子时切忌盲目随大流，或只凭借经验，不充分利用科学知识。一定要到正规的种子公司，反复咨询对比，避开误区。实践中选购玉米种子存在以下几种认识误区。

（一）去年什么种子高产今年接着买

去年什么种子高产，今年还接着买，这样就出现了一年跟一年，年年跟不上的怪象，走入了经验主义的误区。影响作物生长的重要因素就是当地的资源条件。适应了资源条件，作物就会苗壮成长，否则作物长得就慢，收获就不好。因此购买种子，一定要把握好当地资源条件的变化，当湿度、降水、光照等条件有较大的变化时，种子就应该变。比如厄尔尼诺现象多发年，选择抗旱的品种就尤为重要。

（二）价位越高的种子越好

如今市场上的种子供应总量上能满足社会所需，但在品种搭配结构上存在不平衡现象。在种子批发市场，农民喜欢的种子短缺且价格昂贵，而其他品种过剩，造成这种不平衡的原因，是因为很多农民认为价位越高的种子越是精品。其实，种子高产与否，同价格高低没有必然联系。价格昂贵的种子不排除有商家炒作的因素。当然买种子也不要贪图便宜。一般情况下，优良的品种、优质的种子价格会适当高一些，优惠会少一点，而假冒、劣质的种子价格通常要便宜很多。一部分农户贪图省事、便宜，谁的价格低要谁的，殊不知当用了假冒伪劣种子出现问题的时候后悔晚矣。

（三）新品种一定比老品种好

不少农民认为只要是新品种一定比老品种好，这反映出农民买种子的一种盲目性。如果想搞一个小面积的示范，那么选择新品种是正确的。但如果大面积种植则很不理智。品种只有经过示范后，才能确定优劣，一旦盲目扩大种植面积，风险极高。实际上旧品种经过了种植示范，质量能够保证，所以应该考虑这类种子，稳定中求效益。一般选择在当地进行了不少于3年的试验示范的品种，基本上可以知道该品种在当地的适应性。选择多年多地表现较好的品种，生产上出现各种灾难性损失的可能性就较小。

当然有一些农户比较保守，喜欢选择自己种过的老品种，盲目排斥已经在生产上推广的新品种，认为玉米品种越老越好，这又是一个误区。一般情况下玉米品种的更换周期为10~15年，在玉米品种生命中后期就会出现新的高产、优质、适应性更好的替代品种。所以，在生产上推广种植10年以上的品种一般不要再选择了。

（四）产量越高越好

部分农户存在片面追求产量，忽视品质的情况，导致产品不适应市场对农产品优质化、专业化的需求，走入误区。在生产上追求生育期长的高产品种，虽然发挥了杂交种的增产潜力，但是由于生育期偏长，造成籽粒后期脱水困难，含水量高，品质下降，综合性状不好等问题。尤其遇到低温年，会导致籽粒成熟度不好，粒重下降。

高水分玉米质量差，经济效益不高，严重影响玉米的生产与流通，是东北等玉米产区遇到的最大问题。据统计，初冬农民售粮时，玉米水分低的为25%，高的为35%，平均为29%~30%，这么多的高水分玉米晾晒或烘干，需消耗大量费用。国家临时储备玉米在收购时，还需扣一部分烘干费，含水量超出标准的玉米每提高1%的水分，按售粮价的0.6%扣减，农民收入减少了许多。由此可知，尽管玉米数量多了，但是质量差了，农民增产不增收。

（五）适合本地自然条件的种子一定是好种子

实际上，好的种子不仅要适合一个地区的自然条件，还要适合它的市场状况。比如选购高油玉米、淀粉专用玉米品种时，要考虑周围是否有大型淀粉加工企业，可以进行专门收购，以及当地是否实行优质优价政策等。再比如玉米榨油是淀粉加工过程的副产品，用玉米榨油，必须采用现代加工机械，农村一般的加工设备难以完成玉米脱胚和一系列加工过程，所以种植工业加工专用玉米品种依赖于龙头企业。如果农民朋友感到把握不住市场，那么在选购种子时就得综合考虑，购买种子的数量也要根据市场状况来决定。

二、玉米品种的合理布局

（一）影响玉米品种合理布局的因素

从 1949 到 2023 年，我国玉米年生产能力增加 10 倍。玉米杂交种的更新换代发挥了特别突出的作用，并带动了高产栽培技术的迅速发展。我国杂交种普及率已达到 90%，其中绝大多数是增产潜力很高的单交种。影响玉米增产的原因固然很多，而品种布局不合理，造成的影响却带有全局性。品种及时更新换代，是促进玉米增产的关键。同时抓好品种布局，这既是发展玉米生产的战略措施，也是见效最快的一项战术措施。当前影响玉米品种合理布局的一些因素值得被重视和解决。

1. 品种遗传基础狭窄

玉米种质资源贫乏，遗传基础狭窄，不利于玉米品种合理布局。全国 61% 的玉米生产面积严重依赖 Mo17、掖 478、黄早四、丹 340 和 E28 五个自交系。现代技术在提高产量潜力的同时，也把农业生产置于脆弱地位，使数千万公顷作物生产依赖狭窄的遗传基础对付遗传基础广泛的多种病虫害。品种单一化是使病原菌和害虫生理小种发生变异、累积和爆发流行的诱导因素，也使农业生产系统降低了抵御旱涝和异常温度等自然灾害的能力。由少数自交系和杂交种控制全国大范围玉米生产的危险局面自 20 世纪 80 年代中期以来一直没有大的改变。新育成的高产品种比 20 世纪 70 年代末期和 80 年代初期育成的品种不但寿命短，而且推广面积也少得多，这一现象一方面说明育种研究比较活跃，新育成的后备品种较多，另一方面也暴露出新自交系和杂交种抗病性较差的弱点。

玉米种质资源狭窄、种质储备不足、种质创新动力不足是制约我国玉米产业发展的主要因素。由于玉米种质资源创新机制及法规体系不完善，当前大部分育种单位种质创新的方法较单一且重复，而创新种质难以得到有效保护，整个玉米产业种质创新进展缓慢；国家在玉米种质资源创新研究的投入不高，对玉米产业推动作用收效不大。今后应在种质资源创新方法上加强生物技术与常规方法的结合，在体制上成立专门从事种质资源创新研究的公益性科研单位，加强对创新种质资源的保护监管，以有效推动种质资源创新工作。

2. 种子市场混乱

玉米种子市场混乱破坏了玉米品种的合理布局。玉米种子作为一种特殊商品，必然有市场竞争。处于经济转轨时期的玉米种子市场，真正意义上的竞争机制尚未形成。玉米种业出现种子多（品种多）、乱（布局乱）、杂（种子杂）的局面。目前种子市场的问题表现在：一是盲目扩大制种面积，私繁乱制，套购倒卖，使种子价格大起大落。二是竞相促销搅乱市场。由于真正意义上的种子市场还没有形成，种子质量在竞争中所占权重较低，价格居于主导地位，导致农民关注种子质量的意识淡薄。种子促销手段花样翻新误导农民，声称新品种推广，低价诱惑，以及利用媒体弄虚作假。竞相压价，相互倾轧，商业道德不良，造成市场混乱。三是假冒种子充斥市场。极个别经营者见利忘义，偷梁换柱，掺杂使假，以次充优，以陈代新等。上述问题对玉米品种合理布局产生不利影响，严重影响了玉米生产的健康发展，亟待解决。

（二）玉米品种合理布局的原则

1. 合理布局优化品种结构

充分利用资源优势，搞好生产布局，合理配置生产要素，实行专业化生产，区域化种植。国家提出重点建设东北—内蒙古专用玉米优势区和黄淮海专用玉米优势区。东北—内蒙古专用玉米优势区主要分布在黑龙江、内蒙古、吉林、辽宁4省区26个地市102个县市（旗）；黄淮海专用玉米优势区主要分布在河北、河南、山东3个省33个地市98个县市。充分发挥这些玉米主产区的地理优势，形成我国玉米生产的优势产业带。

2. 大力发展饲用玉米和加工专用玉米

预计未来20年内，我国畜牧业将会有突飞猛进的发展，人均畜产品和水产品的消费量将成倍增长。这种发展趋势将导致国内市场对饲料玉米的需求大幅上升。因此大力发展饲料玉米是当务之急。

应逐步调减普通玉米的播种面积，优化玉米品种结构，大力发展收获前降水快、含水量低、适应畜牧业和加工业发展要求的专用玉米品种，包括高淀粉玉米、优质蛋白玉米、高油玉米、甜玉米、糯玉米及青贮玉米等。

重点加工玉米淀粉、变性淀粉、蛋白质、赖氨酸、胚芽饼、玉米油等产品。发展效益型玉米深加工，拉长产业链，加大玉米终端食品开发与食用玉米深加工的力度，提高农产品的附加值，增强农产品的市场竞争力，增加农民收入，提高玉米生产的综合效益。

3. 扶持和发展玉米加工的龙头企业

搞好玉米加工企业的资产重组与系统整合，组建玉米深加工企业集团，加快企业向规模化发展，树立国内外市场占有率高的名牌产品，提高市场竞争力和带动基地生产能力。实现玉米生产、加工和流通的良性循环。

三、合理选用杂交种的方法

（一）玉米品种更新换代的意义

玉米生产的丰歉直接关系全国粮食总产量和国民经济的发展，影响到农民的温饱和畜牧业的发展。近年来新品种、新技术的推广应用，促进了玉米生产的发展。据分析，在玉米增产因素中，品种的贡献率占30%~40%，因此加速玉米品种的更新换代是发展玉米生产及增加粮食总产的关键措施。

1. 生产水平提高的需要

随着农业栽培新技术的推广应用和耕作水平的不断提高，一些老品种的增产潜力有限，群众迫切要求更换品种，一些适应性好、优质、丰产、增产潜力大的新品种推广很快，如紧凑型玉米在全国大面积推广，加大了种植密度，提高了光合利用率和玉米的群体产量。生产水平提高后原有品种不适合，需要尽快更换新品种。原有的部分老品种已经推广多年，虽然这些品种以其适应性好、抗逆性强、高产、稳产等特点为玉米生产做出了显著贡献，但在地膜覆盖、配方施肥、带状种植等新技术推广后，其增产潜力不大，而且老品种还有亲本出现混杂变异、杂交一代的抗病性明显降低等问题。还有些老品种叶片平展，不利于密植。因此，加速推广替代品种，选择高产、优质、抗病、耐密的接班品种已成为玉米生产中的突出问题。

2. 发展优质玉米品种的需要

在农产品进入买方市场和消费者重视质量的新形势下，现行的玉米品种结构及品质已不能适应市场需求，优质专用品种的生产已成为发展趋势，而且在现行粮食收购政策出台后，品质差、档次低的品种已逐步退出收购范围，这就对引进、选育、繁殖、推广优质品种提出了新的要求。

3. 发展玉米产业化的需要

发展玉米产业化需要玉米专用品种。为适应市场对优质专用玉米新品种的需求，在品种更新换代中要特别重视对专用新品种的选育，加强玉米育种的基础研究，引进、筛选和培育具有不同优良性状和市场需求的专用优质资源材料和自交系，为新品种的选育打好基础。

（二）购买种子应把握的原则

怎样科学购买良种是农民朋友普遍关注的问题。选购玉米良种必须把握如下原则，防止走入误区。

1. 选用已经审定的品种

凡经审定的品种，都是经过种子管理部门组织的区域试验，对参试品种的适应性、产量、抗逆性、生育期、品质等进行多点观察，然后根据气候特点进行系统分析，通过审定才能在生产上推广应用。因此，农民朋友在购买种子时先要看种子经销单位是否有该品种的审定证书或正式文件的介绍，否则不要轻易购买。

2. 选择在"三证一照"齐全的单位购买种子

建议农民朋友在购买玉米种子时先看销售单位是否有"三证一照"，一般说"三证一照"俱全的单位销售的种子质量可靠些。所谓"三证一照"就是指种子管理部门发的"生产许可证""种子合格证""种子经营许可证"及工商行政部门发的"营业执照"，还应注意发证时间、法人代表是否一致等。

购种时，应向售种单位索要品种说明，以便准确掌握杂交种的特征特性，方能确保高产。购种后，必须索取和妥善保存种子零售票据，以便种子出现问题时，能据此向售种单位反馈损失，获取赔偿。目前玉米种子销售渠道较多，但以选购正规种子公司及农业科研单位的种子较为可靠。

3. 品种适区对路

选择的品种成熟期要适合当地的生态条件，保证常年能够完全成熟，平均安全成熟保证率达到95%以上。追求高产是农民普遍存在的心理。而越是成熟期长的品种产量会越高，这是生育期的长短与产量高低成正比的科学规律。但不能盲目选用生育期过长不适合当地有效积温条件的品种，防止越区种植。应先将所种植区内的基本条件了如指掌后，再拿它与品种介绍的积温要求对号入座。最好再留有100~150℃有效积温的余地。应将近五年内的有效积温的平均值来对照，切莫拿上一年突出的高温和过低的有效积温做依据。这样才不至于浪费积温或超越积温所带来的损失。农民购种时，还要将本地种植区内历年经常发生的自然灾害充分考虑进去，才能取得理想的高收益，否则再好的品种也白搭。

4. 高产优质高效

选择的品种既高产又优质才能实现高效。要根据不同用途，选择相应的专用类型品种，并提高规模效益。可能有的品种产量一般但品质较好，而有的产量较高但品质差一些，这就需要农民反复比较、科学选购。无论普通玉米还是专用玉米的销售都离不开竞争激烈的市场，而品质的优劣又影响了广大消费者的认可度。单凭种子经销商把品种说得天花乱坠，而销路打不开，不被消费者认可的品种，最好不要去购买。特别是一些甜、糯玉米等专用品种产品销路有限，需要对市场有一定了解之后再种植，这是最稳妥的上策。

（三）玉米种子质量的鉴别

1. 影响玉米种子质量的因素

随着玉米种植面积的扩大，玉米杂交种需求急剧增加，由于一些种子部门的技术力量相对不足，部分制种田的田间检验和去杂去劣工作不及时，致使纯度降低，再者，有些地区种子生产缺乏有效的行政管理和完善的繁育推广体系，有些单位和个人滥引、滥繁、滥调、乱卖种子等情况较为严重。玉米种子质量问题产生的原因，主要有以下四个方面。

（1）自交系繁殖田去杂不及时

杂交制种田由于亲本纯度不高，去杂去劣不严格、不及时、不彻底，或母本自交系去雄不及时、不彻底，致使异品种株、本品种变异株或母本系散粉，产生非本品种的杂合粒和母本系自交粒。

（2）隔离条件不符合要求

杂交制种隔离条件达不到安全标准时，会使异品种花粉传入，产生异种杂合籽粒。

（3）混入异品种种子

由于种子收获、运输、晾晒、脱粒、贮藏中疏忽大意，混入了异品种种子。

（4）无证繁育

个人无证繁育的种子，非法出售，无法保障种子的质量。

2. 玉米种子质量的鉴别方法

鉴别玉米种子质量的优劣实际上很复杂，一般来说可以参照下列几点进行鉴别。

（1）纯度

影响玉米杂交种纯度的杂株，一类是异品种混杂株，一类是母本去雄不彻底造成的母本自交株。前者的粒型、穗型与典型杂交种有明显区别，易区分；

17

后者从形态上与杂交种无法区别，但由于接受的花粉来源不同，籽粒胚乳层的颜色及透明度等父本性状有不同表现，这种性状在杂交当代直接表现的现象称为花粉直感。据此，可直接将杂交粒与母本自交粒区分开来。

普通玉米杂交种，籽粒类型可分为马齿型、半马齿型和硬粒型三种。杂交种的形状、大小一般都像母本种子。通常一个制种区的玉米杂交种形状均匀一致，种子的大小、色泽、粒型等差距较小，这种种子多数纯度较高。反之，说明这个种子的混杂率较高，这样的种子一般不要买。凡是与所认识品种固有的颜色、粒型存在多数不同，这种种子是假的或劣质的可能性大。

（2）发芽率

主要看种子在保存过程中是否存在霉变、发烂、虫蛀、颜色变暗等情况。若打开种子包有一股霉味，说明这些种子已变质，发芽率不会太高，不要轻易购买。购买时查看种子有无光泽主要是为了判断种子的新陈。色泽鲜亮是新收获的种子，色泽较暗的种子可能是隔年陈种。在大田生产中，种子发芽率达不到85%，多表明该种子不能用，或者需要加大播种量。

（3）干湿度

种子潮湿，更有可能发霉变质。在买种子时，可将手伸入种子袋内触摸并闻味道，根据直接感受判断种子的干湿度。凡是无味且触感较清爽的，是比较干的；反之，有阴沉潮湿的感觉且味不正，说明种子较潮湿。另外，也可抓一些种子放在手中搓几下，发出清脆的唰唰声，是较干的，反之是湿的。

四、当前推广的优良玉米品种

为了分类指导农作物品种推广应用，依据品种试验、展示评价、主要品种推广面积统计和种子企业生产经营等数据，经省级种业管理部门推荐、专家遴选论证等程序，2023年农业农村部发布了《国家农作物优良品种推广目录（2023年）》，其中发布推介的优良玉米品种32个，包括骨干型品种11个、成长型品种8个、苗头型品种8个、特专型品种5个。形成了较为完整的玉米品种推广梯队，更好地服务农业用种和农民选种需要。

（一）骨干型品种

1. 郑单958

品种特点：产量高，适应性广，品质好，抗性好。

适宜推广区域：河南省和山东省全省，河北省保定市和沧州市南部及其以南地区，陕西省关中灌区，山西省运城市和临汾市、晋城市部分平川地区，江苏和安徽两省淮河以北地区，湖北省襄阳市等地区可以夏播种植；北京市、天津市、山西省中晚熟区，内蒙古自治区赤峰市和通辽市、辽宁省中晚熟区（丹东除外），吉林省中晚熟区，陕西省延安市和河北省承德市、张家口市、唐山市等地区可以春播种植。

2. 先玉 335

品种特点：产量高，品质好，抗病性好。

适宜推广区域：黑龙江省第一积温带上限地区；北京市和天津市，辽宁省、吉林省和山西省，河北省北部，内蒙古自治区赤峰市和通辽市，陕西省延安地区等东华北中晚熟春玉米区；新疆维吾尔自治区北部及南部晚熟区、宁夏回族自治区引扬黄灌区、内蒙古自治区巴彦淖尔市、甘肃省等西北中晚熟春玉米区；河南省、河北省、山东省、陕西省、安徽省和山西省运城市等黄淮海夏播玉米区；云南省海拔 1700~2400 米地区。

3. 京科 968

品种特点：产量高，抗性好。

适宜推广区域：北京市、天津市、山西省中晚熟区、内蒙古自治区赤峰市和通辽市、辽宁省中晚熟区（丹东除外）、吉林省中晚熟区、陕西省延安市和河北省承德市、张家口市、唐山市等地区可以春播种植。

4. 登海 605

品种特点：高抗倒伏，适应性广，抗逆性强，高产稳产。

适宜推广区域：山东省、河南省、河北省中南部、安徽省北部、江苏省淮北地区；甘肃省河西地区、中部地区和陇东地区等玉米丝黑穗病、大斑病和矮花叶病非流行区；宁夏回族自治区引扬黄灌区 ≥ 10℃活动积温 2800℃以上地区可以春播单种；山西省春播中晚熟玉米区和运城市夏播种植地区、陕西省春播种植地区；内蒙古自治区巴彦淖尔市、赤峰市、通辽市 ≥ 10℃活动积温 2900℃以上适宜区；新疆维吾尔自治区阜康市以西至博乐市以东地区、北部沿天山地区、伊犁哈萨克自治州西部平原地区；吉林省中晚熟区 ≥ 10℃活动积温在 2600℃以上的地区；辽宁省除东部山区和大连市、东港市以外的大部分地区。

5. 德美亚 1 号

品种特点：产量高，抗逆性好，品质好，脱水快。

适宜推广区域：黑龙江省第四积温带上限、吉林省延边朝鲜族自治州玉米

19

早熟区、内蒙古自治区≥10℃活动积温2200℃以上地区，河北省承德市北部春播，四川省高寒玉米种植区可以春播种植。

6. 德美亚3号

品种特点：产量高，抗逆性好，品质好，脱水快。

适宜推广区域：黑龙江省第二积温带下限地区、第三积温带上限地区，吉林省延边朝鲜族自治州、白山市玉米早熟区。

7. 和育187

品种特点：产量高，品质好。

适宜推广区域：黑龙江省第二积温带地区，吉林省延边朝鲜族自治州、白山市的部分地区、通化市、吉林市，内蒙古自治区呼伦贝尔扎兰屯市南部、兴安盟中北部、通辽市扎鲁特旗中部、赤峰市中北部、乌兰察布市前山地区、呼和浩特市北部、包头市北部等早熟春玉米区；新疆维吾尔自治区北部中熟玉米区；宁夏回族自治区南部山区海拔1800米以下地区；山西省北部大同市、朔州市盆地区和中部及东南部丘陵区。

8. 苏玉29

品种特点：产量高，抗逆性好，品质优。

适宜推广区域：江苏省、安徽省可进行春、夏播种植；江西省、福建省可进行春播种植。

9. 京农科728

品种特点：高产稳产，适宜机械化种植。

适宜推广区域：黄淮海夏玉米区的河南省，山东省，河北省保定市和沧州市的南部及以南地区，陕西省关中灌区，山西省运城市和临汾市、晋城市部分平川地区，江苏和安徽两省淮河以北地区，湖北省襄阳地区及京津唐地区种植。

10. 中单808

品种特点：产量高，抗性好，品质好。

适宜推广区域：四川省、重庆市海拔900米以下地区；云南省、湖南省和湖北省恩施土家族苗族自治州1200米以下地区；贵州省铜仁市海拔1100米以下地区，遵义市、黔东南苗族侗族自治州、黔南布依族苗族自治州、毕节市等地区可进行春播种植；广西桂中北地区也可进行春播种植。

11. 正大808

品种特点：产量高，品质好，抗性好。

适宜推广区域：广西壮族自治区全区，贵州省低热河谷地区，云南省海拔1000米以下地区。

（二）成长型品种

1. 裕丰303

品种特点：产量高，适宜粮饲兼用，品质好，抗性好。

适宜推广区域：河南省，山东省，河北省保定市和沧州市的南部及以南地区，陕西省关中灌区，山西省运城市和临汾市、晋城市部分平川地区，江苏和安徽两省淮河以北地区，湖北省襄阳地区可以夏播种植。

2. 中科玉505

品种特点：产量高，适宜粮饲兼用，品质好，抗性好。

适宜推广区域：河南省，山东省，河北省保定市和沧州市的南部及以南地区，陕西省关中灌区，山西省运城市和临汾市、晋城市部分平川地区，江苏和安徽两省淮河以北地区，湖北省襄阳地区可以夏播种植。

3. 郑原玉432

品种特点：高产早熟，矮秆耐密，高产宜机收。

适宜推广区域：黄淮海夏玉米区的河南省，山东省，河北省，陕西省关中灌区，山西省运城市和临汾市、晋城市部分平川地区，江苏和安徽两省淮河以北地区，湖北省襄阳地区，北京市和天津市夏播；东华北中早熟春玉米区的黑龙江省第二积温带，吉林省延边朝鲜族自治州、白山市部分地区、通化市、吉林市东部，内蒙古自治区中东部早熟区呼伦贝尔扎兰屯市南部、兴安盟中北部、通辽市扎鲁特旗中部、赤峰市中北部、乌兰察布市前山地区、呼和浩特市北部、包头市北部；东华北中熟春玉米区的辽宁省东部山区和辽北部分地区，吉林省吉林市、白城市、通化市大部分地区，辽源市、长春市、松原市部分地区，黑龙江省第一积温带地区。

4. 东单1331

品种特点：产量高，抗逆性好，高抗倒伏，品质好，粮饲通用。

适宜推广区域：东华北春玉米区，黄淮海夏玉米区，西北春玉米区，西南春玉米区。

5. 优迪919

品种特点：产量高，品质好。

适宜推广区域：东华北中熟春玉米区的辽宁省东部山区和辽宁省北部部分

地区，吉林省吉林市、白城市、通化市大部分地区、辽源市、长春市、松原市部分地区，黑龙江省第一积温带地区，内蒙古自治区乌兰浩特市、赤峰市、通辽市、呼和浩特市、包头市、巴彦淖尔市、鄂尔多斯市等部分地区，河北省张家口市坝下丘陵及河川中熟地区、承德市中南部中熟地区，山西省北部朔州市盆地区。

6. 秋乐 368

品种特点：产量高，品质好，耐高温能力强。

适宜推广区域：河南省、山东省、河北省、北京市、天津市夏播区，陕西省关中灌区，山西省运城市和临汾市、晋城市夏播区，安徽和江苏两省的淮河以北地区等黄淮海夏播玉米区。

7. 先达 901

品种特点：产量高，品质好。

适宜推广区域：广西壮族自治区，云南省海拔 1000 米以下玉米种植区，贵州省海拔 800 米以下地区。

8. MC121

品种特点：高产，抗病性好。

适宜推广区域：河南省，山东省，河北省保定市和沧州市的南部及以南地区，陕西省关中灌区，山西省运城市和临汾市、晋城市部分平川地区，江苏和安徽两省淮河以北地区，湖北省襄阳地区。

（三）苗头型品种

1. 京科 999

品种特点：稳产高产，抗病性好。

适宜推广区域：黄淮海夏玉米区的河南省，山东省，河北省保定市和沧州市的南部及以南地区，陕西省关中灌区，山西省运城市和临汾市、晋城市部分平川地区，江苏和安徽两省淮河以北地区，湖北省襄阳地区。

2. 农大 778

品种特点：产量高，品质好。

适宜推广区域：河南省、河北省、山东省、安徽省、江苏省等黄淮夏播区，适宜在麦收后种植。

3. 兴辉 908

品种特点：耐密高产，抗病抗倒。

适宜推广区域：辽宁省东部山区和北部部分地区，吉林省吉林市、白城市、辽源市、长春市、通化市大部分地区和松原市部分地区，黑龙江省第一积温带地区，内蒙古自治区乌兰浩特市、赤峰市、通辽市、呼和浩特市、包头市、巴彦淖尔市、鄂尔多斯市等部分地区，河北省张家口市和承德市适宜区域，山西省忻州市、太原市、晋中市、阳泉市、长治市、晋城市、吕梁市平川区和南部山区等区域。

4. 中玉 303

品种特点：高产稳产，耐密性好。

适宜推广区域：黄淮海夏玉米区的河南省，山东省，河北省保定市和沧州市的南部及以南地区，陕西省关中灌区，山西省运城市和临汾市、晋城市部分平川地区，江苏和安徽两省淮河以北地区，湖北省襄阳地区夏播种植。

5. 罗单 297

品种特点：高产稳产，抗病性强，品质好。

适宜推广区域：西南春玉米（中高海拔）区的四川省甘孜藏族自治州、阿坝藏族羌族自治州、凉山彝族自治州及盆周山区海拔 800~2200 米的地区，贵州省贵阳市、毕节市、安顺市、六盘水市、黔西南布依族苗族自治州海拔 1000~2200 米的地区，云南省昆明市、楚雄彝族自治州、大理白族自治州、保山市、丽江市、德宏傣族景颇族自治州、临沧市、普洱市、玉溪市、红河哈尼族彝族自治州、文山壮族苗族自治州、曲靖市、昭通市海拔 1000~2200 米的地区；重庆市、湖南省、湖北省、陕西省南部海拔 800 米及以下的丘陵、平坝、低山地区以及广西桂林市、贺州市。

6. 陕单 650

品种特点：宜机收，品质好。

适宜推广区域：黄淮海夏玉米区的河南省，山东省，河北省保定市及以南地区，陕西省关中灌区，山西省运城市和临汾市、晋城市部分平川地区，安徽和江苏两省淮河以北地区，湖北省襄阳地区；东华北中熟春玉米区的辽宁省东部山区和辽北部分地区，吉林省吉林市、白城市、辽源市、长春市、四平市、通化市大部分地区和松原市部分地区，黑龙江省第一积温带及绥化市、齐齐哈尔市，内蒙古自治区赤峰市、通辽市等部分中熟地区；陕西省北部以及渭北地区春播玉米机械化籽粒收获区。

7. 翔玉 878

品种特点：产量高，品质好。

适宜推广区域：华北东部中早熟春玉米区的黑龙江省第二积温带地区，吉林省延边朝鲜族自治州、白山市的部分地区、通化市、吉林市东部，内蒙古自治区呼伦贝尔市南部、兴安盟中北部、通辽市扎鲁特旗中北部、乌兰察布市前山地区、赤峰市中北部、呼和浩特市北部、包头市北部等中早熟区，河北省张家口市坝下丘陵及河川地区、承德市中南部中早熟区，山西省中北部大同市、朔州市、忻州市、吕梁市、太原市、阳泉市海拔 900~1100 米的丘陵地区，宁夏回族自治区南部山区海拔 1800 米以下地区。

8. 铁 391

品种特点：稳产高产，抗倒性好。

适宜推广区域：东华北中晚熟区的吉林省四平市、松原市、长春市大部分地区、辽源市、白城市、吉林市部分地区以及通化市南部，辽宁省除东部山区和大连市、东港市以外的大部分地区，内蒙古自治区赤峰市和通辽市大部分地区，山西省忻州市、晋中市、太原市、阳泉市、长治市、晋城市、吕梁市平川区和南部山区，河北省张家口市、承德市、秦皇岛市、唐山市、廊坊市、保定市北部、沧州市北部春播区，北京市春播区，天津市春播区。西北区的内蒙古自治区巴彦淖尔市和鄂尔多斯市大部分地区，陕西省榆林地区、延安地区，宁夏回族自治区引扬黄灌区，甘肃省陇南市、天水市、庆阳市、平凉市、白银市、定西市、临夏回族自治州海拔 1800 米以下地区及武威市、张掖市、酒泉市大部分地区，新疆维吾尔自治区阜康市以西至博乐市以东地区、北部沿天山地区、伊犁哈萨克自治州西部平原地区。

（四）特专型品种

1. 京科糯 2000（鲜食糯玉米）

品种特点：鲜食品质好，种植范围广，是我国种植面积最大，种植范围最广的鲜食糯玉米品种。

适宜推广区域：四川省、重庆市、湖南省、湖北省、云南省、贵州省、吉林省、北京市、福建省、宁夏回族自治区、新疆维吾尔自治区等地。

2. 万糯 2000（鲜食糯玉米）

品种特点：适应性广，鲜食品质好。

适宜推广区域：北京市、河北省、山西省、内蒙古自治区、辽宁省、吉林省、黑龙江省、新疆维吾尔自治区可以春播种植；北京市、天津市、河北省、山东省、河南省、江苏省和安徽省淮河以北地区、陕西关中灌区可以夏播种植；江苏省中南部、安徽省中南部、上海市、浙江省、江西省、福建省、广东省、广西壮族自治区、海南省、重庆市、贵州省、湖南省、湖北省、四川省、云南省可以春播种植。

3. 金冠 218（鲜食甜玉米）

品种特点：产量高，适应性广，品质好。

适宜推广区域：北京市、河北省、山西省、内蒙古自治区、黑龙江省、吉林省、辽宁省、新疆维吾尔自治区，江西省、湖南省、福建省、广东省可以春播种植；北京市、天津市、河北省、山东省、河南省、陕西省及江苏省北部、安徽省北部可以夏播种植。

4. 北农青贮 368（青贮玉米）

品种特点：生物产量高，青贮品质优良。

适宜推广区域：北京市、河北省、天津市、吉林省、黑龙江省、内蒙古自治区等东华北中晚熟春播区，黄淮海夏播区和甘肃省、宁夏回族自治区、新疆维吾尔自治区等西北春玉米区。

5. 沈爆 6 号（爆裂玉米）

品种特点：特殊花型品种，爆裂品质好。

适宜推广区域：辽宁省、宁夏回族自治区、吉林省、新疆维吾尔自治区、天津市可以春播种植，山东省可以夏播种植。

生产中推广的玉米优良品种还有很多，有的玉米品种只适合南方，有的只适合北方，因生长条件限制不同，大家要因地制宜选择适合自己的玉米品种。

第三章　怎样确定玉米最适种植密度

合理密植是提高玉米单位面积产量最经济有效的技术措施之一。美国玉米单产很高，其种植密度也很高，每公顷能种植8万株左右，而我国东北地区每公顷一般种植4.5万株左右，华北地区也只有5.5万株左右。大面积生产中，在可能的密度范围内，合理密植的产量水平较偏稀、偏密的区域高出8%~10%。当种植密度不够时，其减产幅度却不易被察觉出来。因此，应将合理密植作为主要增产措施予以重视。但生产中玉米合理密植上依旧存在许多问题和误区，需要解决。

一、玉米种植密度上的误区

（一）延续传统习惯过度稀植

目前在大面积玉米生产中普遍存在种植密度偏稀的问题。原因是仍有部分农户延续传统习惯，只看重穗子大，不知群体产量低，在玉米密度上陷入过度稀植误区。因为传统的玉米种植几乎全是大垄种植，密度一般不足3.0万株每公顷，生长全盛期也不能将地皮完全遮住。20世纪60年代开始提倡因地制宜合理密植，随着玉米新品种的推广及水肥条件的改变，种植密度才有所改变。造成密度偏稀的原因还有耕种粗放、苗期病虫危害、种子质量差等。此外，出现缺苗断条、植株整齐度差、小穗株及无效株较多等问题时，还会造成种植密度低，并严重影响玉米产量。

（二）合理密植理解为密植合理

目前也有一些农户把合理密植理解为密植就是合理，从而走进了误区。密植主要是农民对合理密植缺乏辩证认识，认为密了就能获得高产。因为过度密植，有的玉米生产田小穗株和无效株总和高达15%~20%，造成减产。其中小穗株主要是指杂交种小穗株和有穗自交株等；无效株主要是指丝黑穗病株、无穗自交株、空秆株等。玉米密度偏大还会造成水肥投入加大，在田间管理上难度加大，产量低，效益低。

（三）不顾条件的盲目密植

也有部分农户不顾条件陷入盲目密植误区。对品种的耐密性缺乏了解，对土壤肥力情况不清楚，不管什么条件全是种植一样的密度，品种的产量潜力得不到充分发挥。每个品种都有各自的适宜密度，耐密品种和不耐密品种间有较大的差别，此外土壤肥力不同密度也应有所不同。应根据不同的品种特性、不同土壤肥力和栽培技术，因地制宜，选择适宜的密度以获得高产。

二、玉米合理密植增产的原因

（一）玉米为什么要适当增加种植密度

生产实践中，玉米通过增加种植密度，确保收获穗数，达到高产，主要原因有以下几点。

1. 玉米为独棵单穗的作物

分蘖力强或分枝多的作物，如小麦和水稻等，他们的分蘖能成穗，穗数的自动调节能力比较强，每公顷播种量不同，最后形成的穗数却比较接近，可以获得较高的产量。可是，已推广的玉米品种中很少有利用分蘖的，多为独棵单穗，尽管有时也有个别植株能形成两个穗，但为数太少。玉米穗数的自动调节能力太差，基本上是留苗棵数就是收获时的穗数，有时还会由于病虫危害、管理过程中造成的损伤、空秆等原因，造成收获的穗数往往少于留苗的棵数。因此，玉米通过增加种植棵数来保穗数的方式比小麦、水稻等作物更重要。

2. 玉米单穗产量高

小麦单穗粒重1克左右，玉米单穗粒重130~150克。若1公顷地，小麦少收1.5万个穗，仅减产15千克，而玉米若少收1.5万个穗，就要减产1950~2250千克。因此，玉米种植的棵数少了，造成的减产幅度远远大于小麦等作物。玉米要高产，必须保证每公顷收获足够的穗数。

3. 玉米品种特性的要求

玉米育种家选育的良种逐步由平展型变为紧凑型，特别是紧凑大穗型良种愈来愈多。这些品种适宜密植，只有在较高密度下，才能发挥出优良品种的丰产潜力，达到增产的目的。若种的棵数不够，不仅不能增产，反而要减产。

4. 地力水平不断提高的要求

随着生产的发展，化肥的施用量和种类逐步增加，灌溉面积逐年扩大。在高肥水条件下，如果种植密度不够，就会造成肥水的浪费。而且玉米不利用分蘖成穗，不会因地肥分蘖过多导致倒伏减产，应当增加播量，提高密度，才能发挥地力的作用，实现高产。

5. 种植的棵数较易控制

每公顷穗数、平均穗粒数、平均粒重是构成玉米产量的三大要素，增加其中任何一项，其他两项不变时都会提高产量。平均穗粒数与平均粒重受环境条件和综合栽培措施的影响较大，有的条件人们难以操纵。而每公顷的穗数则主要决定于种植的密度和留苗的棵数，人们容易控制和操作。所以，通过适当增加种植密度比通过栽培措施来增加穗粒数和粒重更容易实现高产稳产。

（二）合理密植增产的原因

玉米单产的提高除品种的不断更新、化肥使用量的增加和水利条件的改善外，重要的原因就是在种植过程中相应地提高了种植密度。合理密植为什么能增产，原因较多，但主要有以下三点。

1. 充分协调穗数、穗粒数和粒重的关系

玉米的产量通常用式（3-1）表示。

$$产量 = 每公顷穗数 × 平均穗粒数 × 平均粒重 \qquad （3-1）$$

每公顷穗数、平均穗粒数和平均粒重是构成产量的三大要素，增加其中任何一项，在其他两项不变的情况下，产量均会提高。但是，玉米生产要的是群体产量，而群体产量是由个体组成的，在单位面积上，穗数、穗粒数和粒重之间存在着矛盾。当种植较稀时，穗粒数和粒重提高但收获穗数减少，当穗粒数和粒重的增加不能弥补收获穗数减少而引起的减产时，每公顷产量就要降低。但是种植密度过高，个体生长不良，不仅穗小粒少粒小，而且空秆增多，由于穗数的增加所引起的增产作用小于由于粒少粒小造成的减产作用，同样产量降低。因此，在生产中必须合理密植。合理密度就是每公顷穗数、平均穗粒数与平均粒重相互协调、组成最高产量时的密度。

2. 合理密植时叶面积指数发展比较合理

叶片是玉米进行光合作用、生产有机物的主要器官。单位土地面积上的叶面积大小，发展分布是否合理，影响到群体光合作用的强弱、有机物质生产积累的多少和产量的高低。叶面积的大小通常用叶面积指数来表示。叶面积指数通常是单位面积内的叶面积与单位土地面积的比值。玉米一生中叶面积指数的发展动

态是：拔节前迅速增加，到散粉期达最大，稳定一段时间后下降，叶面积指数的大小及发展动态是否合理，主要取决于种植密度。当种植密度比较合理时，叶面积指数前期发展较快，散粉期可达最大适宜叶面积指数（平展型 3.5~4.0，紧凑型 4.5~6.0），达最大值后稳定时间长，下降速度慢，到成熟时仍保持较高叶面积指数。这种密度的群体光合作用强，生产积累的有机物质多，产量高。

3. 合理密植能提高群体的光能利用率

在山西省、吉林省开展为期两年的密度试验，掖单 13 密度为每公顷 4.8 万株时，叶面积指数为 3.64，光能利用率为 1.18%，籽粒产量为 8896.5 千克；掖单 13 密度为每公顷 6.9 万株时，叶面积指数为 5.14，光能利用率为 1.39%，产量为 11005.5 千克；当密度增加到每公顷 9.0 万株时，叶面积指数达 5.52，因密度过大，光能利用率下降到 1.37%，产量也降低，为 9727.5 千克。

三、玉米合理密植的原则

玉米的适宜种植密度受品种特性、土壤肥力、气候条件、土地状况、管理水平等因素影响。因此，确定适宜密度时，应根据上述因素综合考虑，因地制宜，灵活运用。

（一）合理密植的原则

1. 株型紧凑和抗倒品种宜密

各品种在生育期、株型、抗倒伏性等方面都有差别。因此，在确定种植密度时应区别对待。不同类型的品种具有不同的耐密性，紧凑型杂交种耐密性强，密度增大时产量较稳定，适宜种植的密度较大；平展型耐密性差，密度增加范围小，如果增加密度就会减产。

（1）平展型中晚熟玉米杂交种。此类品种植株高大、叶片较宽、叶片多、穗位以上各叶片与主茎夹角平均大于 35°，穗位以上的各叶片与主茎夹角平均大于 45°。每公顷留苗 4.5 万 ~5.25 万株为宜，适宜春播，能充分利用光热资源，增加有效积温，提高产量。

（2）紧凑型早熟耐密玉米杂交种。此类品种株型紧凑，叶片上冲，穗位以上各叶片与主茎夹角平均小于 25°，穗位以下各叶片与主茎夹角平均小于 45°，每公顷留苗 6.75 万 ~7.5 万株。适宜麦收以后播种。

（3）中间型。此类品种的叶片与主茎夹角介于紧凑型和平展型之间，多数属中早熟耐密品种，每公顷留苗 5.25 万 ~6.75 万株。

2. 肥地宜密

地力水平是决定种植密度的重要因素之一，即高肥力宜密，且适宜密度范围相对较宽，低肥力宜稀，且适宜密度范围相对较窄。在土壤肥力基础较低，施肥量较少，每公顷产量 7500 千克以下的地块，若种植密度过高，会造成植株生长差，空秆多，有时还会引起减产，因此种植密度不宜太高，最好取品种适宜密度范围的下限值；在土壤肥力基础较高，施肥量又多的高丰产田，就可以适当提高种植密度，并且最好取其适宜密度范围的上限值；中等肥力的地块宜取品种适宜密度范围的中间值。生产实践表明，同一品种在同一种植区域，只因土壤肥力不同，其适宜密度最大相差可达 25%。例如，稀植型品种在高肥力条件下，最适密度为每公顷 4.5 万株，在低肥力条件下，适宜密度为每公顷 3.0 万 ~3.5 万株，两种肥力条件下，每公顷相差 1.0 万 ~1.5 万株。

3. 水热资源充足宜密

在确定种植密度时，温度和水分是必须考虑的环境因素。如果单纯从温度因素考虑，应该是温度高宜密，温度低宜稀；单纯从水分因素考虑，应该是水分充足宜密，水分欠缺宜稀。而在自然生产条件下，温度高低与水分多少对密度的影响又是相互制约的。例如，部分产区玉米生育期间温度虽然较高，但水分欠缺，种植密度只能稀些；部分产区水分充足，但温度偏低，一般品种类型密植时，温度满足不了要求，生育延迟；在温度、水分比较协调的产区，可以适当密些。

4. 阳坡地和沙壤土地宜密

品种适宜的种植密度与土地的地理位置和土质也有关系。就地理位置而言，一般阳坡地，由于通风透光条件好，种植密度宜高一些，低洼地通风差，种植密度宜低一些。就土质而言，土壤透气性好的沙土或沙壤土宜种得密些，黏土地透气性差，宜种得稀一些，不同地理位置和土质条件下，一般每公顷可相差 4500~7500 株。

5. 日照时数长，昼夜温差大的地区宜密

在光照时间长，昼夜温差较大的地区，由于光合作用时间长，呼吸消耗少，种植密度可适宜大一些，如沿海和高原地区；在高温多湿，昼夜温差小的内陆地区，种植密度宜偏稀一些，一般每公顷相差 7500 株左右。

6. 精细管理的宜密

精细栽培可以提高玉米群体的整齐度，减少株间以强欺弱、以大压小的情

况发生，种植宜密。在粗放栽培的情况下，种植密度以偏稀为好。

（二）不同类型玉米合理密植幅度

玉米合理密植是最大限度地利用土地和热量资源、获取玉米高产的基本保证。种得太稀或太密都不可能获得高产，这是很容易理解的。合理密植实际上是要求根据不同品种和不同的生产条件进行适度地密植。问题的关键是如何正确地掌握这个"度"。根据品种特性和栽培条件确定密度，一般参照早熟品种密度高于晚熟品种、春种高于夏种、高产田选密度上限、中低产田选密度下限的原则。

1. 普通玉米

（1）平展型杂交种

种植密度，晚熟高秆杂交种为每公顷 4.50 万~5.25 万株，中熟中秆杂交种为每公顷 5.25 万~6.00 万株，早熟矮秆杂交种为每公顷 6.00 万~7.50 万株。

（2）紧凑型杂交种

种植密度，中晚熟杂交种每公顷 6.00 万~7.50 万株，中早熟杂交种为每公顷 7.50 万~9.00 万株。

2. 糯玉米

糯玉米适宜种植密度为每公顷 6.75 万~9.00 万株。

3. 青贮饲料玉米

青贮饲料玉米种植密度应略高于普通玉米，可以达到每公顷 6.75 万~8.25万株。

4. 高赖氨酸玉米

高赖氨酸玉米多属于平展型品种，适宜密度一般为每公顷 5.25 万~7.50万株。

5. 高油玉米

高油玉米一般品种植株高大，密度要相应低于普通玉米的品种，生产中多为每公顷 6.00 万~6.75 万株。

6. 爆裂玉米

爆裂玉米种子粒小，植株较小，单株生产力低，种植密度要高于普通品种，一般在当地普通玉米适宜密度的基础上增加 10%~25%。

7. 甜玉米

甜玉米多为平展品种，一般种植密度为每公顷 7.50 万~9.00 万株。

8. 笋用玉米

笋用玉米种植密度一般为每公顷 6.00 万 ~7.50 万株，生产中可采用品种适宜密度的上限。

（三）合理密植技术

1. 改宽行为窄行种植

研究表明，适当缩小行距，增加种植密度，是提高玉米产量的主要措施。据试验，行距由 100 厘米缩小到 76 厘米时，可增产 5%~10%，在一定范围内，密度越大，缩小行距的增产效果越显著。选用紧凑型品种密度宜在每公顷 2.25 万 ~8.25 万株时，行距 60~70 厘米对产量差别不大；行距由 60 厘米减少到 30 厘米或增加到 80 厘米时，则分别减产 11% 和 9%。所以，紧凑型玉米郑单 958、先玉 335 等品种的种植行距以 60 厘米左右为宜，而平展型的丹玉 405、东单 90 等品种的种植行距以 60~70 厘米为宜。一般矮秆品种比高秆品种的适宜行距要小一些。

2. 选用高质量的优良杂交种

高质量的玉米品种是保证密度的主要条件。如果种子发芽率低，纯度不好，籽粒大小不匀，播种后会造成缺苗断垄，而且出苗速度、生长势、发育进程等都会不同。当高密度种植时，矮株、弱株会产生空秆，造成减产。

3. 增加播种量

任何一个玉米品种都难保证 100% 的发芽出苗，如果出苗率按 90% 计算，单粒点播缺苗率将是 10%，双粒点播缺苗率将是 1%，如果是 3 粒点播，缺苗率将降至万分之一，其影响基本可以忽略不计。因此，应掌握播种粒数为计划密度的 2~3 倍。例如计划密度为 7.50 万株每公顷，则实际每公顷需播种 15.00 万 ~22.50 万粒。

4. 严格定苗

挖窝刨穴种的，每穴留 1 苗，耧播或开沟条播的要带株距绳下地，按株距要求定苗，如遇缺苗断垄，可在相邻株留双苗，注意双苗长势要一致。

5. 多留 5% 左右的预备苗

玉米在田间生长过程中，由于种子大小的差异或播种深浅不一，或感染病虫害等原因，常使一些植株生长落后或变成弱小植株，最后甚至变成空秆，但因为这些植株都争夺光照和水分，消耗地力，所以当表现出有明显差异时要及时除掉弱株。另外，田间管理，特别是机械作业时，常会损伤一些植株，因而造成收获穗数少于留苗株数，难以实现高产。为了保证实收株数，可多留一定的预备苗。在拔节后、抽雄前，将弱小植株拔去，这样，既保证了实收株数，又提高了群体整齐度，增产效果明显。

四、玉米增产种植方式

种植方式就是指植株在地面上的分布形式，主要指株行距大小。一般中低产田种植方式采用等行距较多，一般 60~65 厘米，株距随密度而定；高产田多采用大垄断双行和大垄双行覆膜，或"二比空"双株紧靠栽培等。目前，生产中有以下几种种植方式。

（一）等行距

这是玉米大面积栽培中最基本最重要的种植方式。目前生产中行距多为 60~65 厘米，以 62~63 厘米居多。这种种植方式具有植株分布相对比较均匀，便于耕种与田间管理等优点。无论耕作制度如何变化，这种种植方式基本不会有大的改变。

（二）大垄双行和大垄双行覆膜

就是在大垄上种 2 行玉米。大垄的垄距大小不一，多数在 90~110 厘米之间。也可以采用玉米大垄双行覆膜栽培技术，这是一项增产幅度大、经济效益高、增产效果稳定、实用性强的栽培技术。这项技术的关键点包括：一是种大垄，将习惯栽培的 65 厘米或 70 厘米的小垄，在整地时变为 95.5 厘米或 105 厘米的大垄；二是种双行，在打好的大垄上，种植双行玉米，小行距 30 厘米、大行距 67.5 厘米；三是覆膜，在大垄上覆盖一层宽度为 75 厘米或 80 厘米、厚度为 0.006~0.008 毫米的聚乙烯地膜。除此之外，还要选择适宜覆膜栽培的高产、优质、抗性强的品种，合理密植，增加肥料投入，精细管理等。

这种方式增产幅度大的主要原因是：大垄双行的通风、透光好于等行距种植，选用适当晚熟品种，增产潜力得以发挥；大垄覆膜增温保湿效果好，种植密度显著增加，单位面积的收获株数和穗数提高；还可以改变覆膜地块的生态环境，改善土壤理化性质，有利于土壤微生物的活动，促进土壤养分的分解与供应，加速玉米的生长发育等一系列作用。在大面积生产中，有的地区将这种种植方式作为增产措施采用。

（三）双株密植

双株密植栽培，即每穴留两株的栽培方法，一般行距 50~70 厘米，穴距 40~70 厘米，密度为每公顷 5.70 万 ~7.05 万株，较常规栽培增加三四成苗。也可采用"二比空"双株紧靠栽培，即在小垄（原垄）的条件播种两垄空一垄，密度为每公顷 6.00 万株以上。要大小分级选种，做到匀籽下地。这是解决大小株，消灭三类苗的关键。播中粒种为宜，中粒种产量可比不精选的种子增产 24.7%。一穴下籽 2~3 粒。粒间不超过 1 厘米，这是实现紧靠的关键，以便解决"双株"一个营养中心，保障同时获得养分。出苗后及时定苗，选留株体均匀、健壮的紧靠苗，缺穴或缺株时，要一穴留三株。选地时以平肥地最佳。施肥不低于常规栽培水平，病虫害防治等田间管理同常规栽培。双株密植栽培，直接经济效益主要表现在省种、省工、增产上。由于这种栽培方式能够较好地解决密植与通风透光的矛盾，使玉米植株处于四面通风的环境中，所以极大地提高玉米的光能利用率，充分发挥密植的增产作用，一般可增产 20% 以上，还可节省 1/3 左右用种量，有利于保全苗，提高保苗率 6%~8%，有利于集中施肥，发挥更大肥效。

第四章　怎样提高玉米的施肥效益

农民在施肥上存在很多错误做法和认识误区。有的地区化肥用量严重不足或用量过高、施肥不规范、养分供应失衡等问题十分突出。因肥料使用不合理会引起农田养分非均衡化加剧，使土壤更加"吃肥"，对物质、能源投入量需求加大；长此以往则造成耕地生产性能大幅度下降。此外，化肥利用率低，生产成本高效益低，畜禽养殖业和农村生活等产生的有机肥源利用不足，还会造成农业和农村的环境污染。

一、玉米施肥上的误区

（一）肥多水大多打粮

施肥不患多而患不足。现在一些农民在施肥时，总害怕用量不够，而不怕用多。即便多了，他们也认为那是肉烂在自家锅里，并无大碍。肥多水大固然是玉米获得高产的先决条件。但使用不当，也是有害无利。盲目过量施肥，使得化肥施用效益下降，既造成浪费，也造成环境污染。

（二）基肥不足追肥代

有些农户不重视基肥，依赖追肥，即所谓基肥不足追（化）肥代。这只能使土地越种越瘦，越种越板结。施足基肥、有机肥与化肥相配合和重施穗肥是玉米丰产的成功经验。用优质农家肥作基肥，能增加土壤有机质和土壤团粒结构，为玉米的生长发育提供所需要的各种营养元素。而化肥就不具备这个优点。

（三）有肥就追

在拔节前的苗期，如不根据天旱程度、墒情好坏、苗子强弱等实际情况进行追肥，往往使幼苗地上部徒长，地下部的根系难以深扎，失去蹲苗锻炼的机会，给以后植株倒伏埋下隐患。后期氮肥追得太多，会导致玉米延迟成熟。为了防止玉米后期脱肥早衰，在其生长后期追施攻粒肥是对的。问题是部分农民在果穗节下绿叶较多时追施大量氮肥，造成植株贪青晚熟，这不仅浪费了肥料，而且对玉米增产不利。尤其是东北地区，由于气候因素玉米不能正常成熟，所以难以获得高产。对于华北一年两熟地区，由于玉米晚熟从而影响小麦适时播种，也是不利的。

（四）重视氮肥，轻视磷钾肥和微肥

偏施氮肥，不重视施用磷钾肥，养分供应不平衡。部分农民认为追施氮肥，叶片浓绿见效快，因而氮肥施用量过多，造成植株高大，叶片宽厚，如遇大风天气极易倒伏减产。玉米开花期缺磷，会造成吐丝延迟，雌穗受粉不完全，果穗籽粒行列歪曲，形成畸形果穗。如果植株缺钾，会造成茎基部发育不好，根系细而少，容易发生玉米倒伏而减产。土地需要均衡营养，偏施肥料会造成某些营养的缺乏。偏施氮肥是农民在施肥观念上明显的误区。微肥对农作物的生长发育影响也很大，就拿锌肥来说，玉米对它的反应很敏感。有试验表明：对缺锌土壤，玉米施用锌肥，穗粒数可增加50~80粒，千粒重可增加15~30克，秃尖率减少30%左右，每公顷增产8%~15%。

二、在施肥上存在的问题

（一）化肥购买上的问题

1. 复合肥与复混肥混为一谈

二者的区别主要是：复合肥是通过化学合成，生产设备专业、生产工艺复杂、生产成本高。如某款"含氮复合肥"其总养分含量为48%，其中 N：P_2O_5：K_2O=16：16：16，养分释放均匀，肥效长，养分利用率高，作基肥与追肥均可。而复混肥是物理混合而成，生产工艺简单，养分含量低，一般不超过30%。目前，市场上三元复混肥总养分含量多为25%，其N、P_2O_5、K_2O 含量也不固定，速效肥与缓效肥组合不定，养分释放不均匀，有较大差异，在作物吸收过程中会造成浪费或不足，肥效表现以急而短为主，作为追肥较好。

2. 肥料有效含量识别不清

氮磷钾肥中的中、微量元素的含量不能计入总养分含量。有些生产企业为增加其产品销售，把中、微量元素含量均标于包装物上，而把真正该标出的氮、磷、钾总含量隐瞒，让农民朋友误认为总养分含量很高。中、微量元素对作物来讲，并不一定都有用，有的使用过量反而会造成毒害。

3. 化肥的真伪优劣识别不清

化肥的真伪优劣不容易通过目测、口感等方式识别，真正的化肥质量应由技术部门进行科学检测。农民在实际中辨认存在以下问题。

（1）肥料的味道。

有些农民用舌头来检测肥料是否有咸味来判断肥料真伪，殊不知，并非所有肥料都有咸味，比如用氯化钾生产的肥料有咸味，而用硫酸钾生产的肥料没有咸味。

（2）化肥的颜色。

颜色越黑，肥效越高，这也完全不正确。如钙镁磷肥料的颜色深浅完全由填充料决定，因此表面上就有灰色、灰黑色、黑色几种。

（3）溶解速度快慢。

溶解越快越好，这也不正确。一般说含磷的肥料其溶解速度较缓慢，如过磷酸钙、钙镁磷肥等均不易溶于水。只含氮、钾或其中一种肥料一般都较易溶于水。还有硫酸钾复合肥一般比氯化钾复合肥溶解得慢。因为许多作物生长期很长，为了减少施肥的次数，生产复合肥是为了达到其高效、缓释、肥效持久的目的。因此，复合肥并不是溶解得越快越好。

（二）肥料施用上的问题

1. 尿素与碱性肥料混用

农田混施碱性肥料和尿素，会使尿素转化成铵的速度大大减慢，容易造成尿素的肥效流失。因尿素施入土壤后，要转化成铵根离子才能被作物吸收，其转化速度在碱性条件下比在酸性条件下慢得多。如碳酸氢铵施入土壤后，由于碱性反应，导致 pH 值升高到 8.2~8.4。因此，尿素不宜与碳酸氢铵、石灰、草木灰、钙镁磷肥等碱性肥料混用或同时施用。

2. 氮肥浅施、撒施或施用浓度过高

氮肥地表撒施，常温下要经过 4~5 天转化过程才能被作物吸收，大部分氮素在铵化过程中被挥发掉，利用率只有 30% 左右，如果在碱性土壤和有机质含量高的土壤撒施，氮素的损失更快更多。如碳酸氢铵，其性质不稳定，地表浅施易挥发，造成利用率低，如果追肥量较大，挥发出的氨气会熏伤作物茎叶，造成肥害。所以氮肥作追肥时，应开沟条施或穴施，深度 5~10 厘米，施后盖土。尿素作叶面肥喷施应掌握好浓度，以 0.8%~1% 为宜，浓度过高会烧伤叶片。

3．尿素作种肥

尿素产品或者以尿素为原料的复合肥产品中，常会含有一定的缩二脲，当缩二脲含量超过2%，就会对种子和幼苗产生毒害。以尿素作种肥时，种子和幼苗会由于缩二脲中毒导致蛋白质变性，从而影响种子发芽和幼苗生长。

4．施尿素后马上灌水

尿素施后必须转化成铵态氮才能被作物吸收利用。转化过程因土质、水分和温度等条件不同，时间有长有短，一般要经过2~10天才能完成，若尿素施后马上灌排水或旱地在大雨前施用，尿素就会溶于水而流失。

5．钙镁磷肥作追肥

钙镁磷肥在水中不易溶解，肥效缓慢，作追肥时利用率较低，效果也差。钙镁磷肥只能作基肥与有机肥料混施，肥效才好。

6．过磷酸钙直接拌种

过磷酸钙腐蚀性很强，直接拌种会降低种子的发芽率和出苗率，应作基肥开沟深施。作种肥时应施在种子的下方或旁侧5~6厘米处，并用土将肥料与种子隔开。

7．钾肥单一施用

硫酸钾、氯化钾都是水溶性速效肥，有弱生理酸性反应，施入土壤后，钾离子被土壤胶体的阳离子置换吸收后固定下来，作物难以利用。所以钾肥只有与氮、磷肥配合施用，效果才好。钾肥可作基肥，作追肥宜集中条施或穴施。

8．锌肥与磷肥混合施用

锌、磷之间存在拮抗作用，如将硫酸锌与过磷酸钙混合施用，将会抑制硫酸锌的肥效，两者应分开施用。

三、玉米的需肥特性

（一）玉米的需肥量及影响因素

1. 玉米需肥量

玉米的矿质元素吸收量是确定玉米施肥的重要依据。玉米一生吸收最多的矿质元素是氮（N），其他依次为钾（按K_2O计）、磷（按P_2O_5计算）、钙（Ca）、镁（Mg）、硫（S）、铁（Fe）、锌（Zn）、锰（Mn）、铜（Cu）、硼（B）、钼（Mo）（表4-1）。

玉米需肥种类多，吸收的养分总量也高于小麦等粮食作物。因此为保证玉米高产，要充分而及时地通过施肥供应养分。

表 4-1　形成 100 千克玉米籽粒所需矿质元素的平均吸收量

矿质元素	吸收量 / 千克	矿质元素	吸收量 / 克
氮（N）	2.68	铁（Fe）	15.00
钾（按 K_2O 计）	2.44	锌（Zn）	5.96
磷（按 P_2O_5 计）	1.07	锰（Mn）	4.45
钙（Ca）	0.49	铜（Cu）	1.60
镁（Mg）	0.34	硼（B）	0.67
硫（S）	0.17	钼（Mo）	0.22

2. 影响玉米需肥量的因素

不同产量水平条件下，玉米对矿质元素的需求量存在一定差异。一般随着产量水平的提高，玉米对矿质元素的吸收总量亦随之提高，但形成 100 千克玉米籽粒矿质元素需要量却相对下降，这是因为在高产条件下，其他条件的改善使肥料利用率提高所导致的结果。不同玉米品种间矿质元素需要量差异较大，一般生育期长的品种高于生育期短的品种，生育期相近的一般高秆品种高于中秆和矮秆品种。在肥力较高的土壤中，由于含有较多可供植株吸收的速效养分，因而植株对矿质元素的吸收总量要高于低肥力土壤条件，而形成 100 千克玉米籽粒矿质元素量却相对降低，说明培肥地力是获得玉米高产的重要保证。

一般随施肥量增加可以促进玉米植株对矿质元素的吸收，产量水平亦随之提高，但在肥料投入较大的情况下肥料养分利用率相对降低了，这是由于肥料的报酬递减规律造成的。此外，玉米的需肥量在年际间变化较大，这是因为气象因素的变化可以通过改变玉米生长发育情况来影响需肥量。

（二）玉米对氮、磷、钾元素的吸收

玉米对氮、磷、钾三要素累积吸收量的趋势是：从出苗至乳熟期，随着生育进程的发展和植株干重的增加，对氮、磷、钾的吸收量均是不断增加的。氮、磷、钾三要素的吸收量在拔节期以前增长速度均较慢，而后均加快，其中氮增加速度最快，几乎是呈直线上升的；磷增长速度比较平稳；拔节至大喇叭

口期对钾的吸收量急剧增长，大喇叭口至乳熟期速度稍缓，乳熟期达到吸收量顶点，乳熟至完熟期，因钾外渗土壤又造成吸收量缓慢下降，钾吸收速度较氮和磷快，结束较早。

玉米抽雄以后吸收氮、磷的数量均占50%左右。因此，要想获得玉米高产，除要重施穗肥外，还要重视粒肥的供应，如果后期脱肥早衰，无疑将造成减产。

从玉米每日吸收养分百分率看，氮、磷、钾吸收强度最大时期是在拔节期至抽雄期，即以大喇叭口期为中心的时期，日吸收量为1.83%~2.79%。拔节期至抽雄期约28天的吸收量，氮为46.5%，磷为44.9%，钾为68.2%。可见，在这个时期重施穗肥，保证养分的充分供给是非常重要的。此外，在授粉期至乳熟期，玉米对养分仍保持较高的吸收强度，日吸收量在1.14%~2.03%，阶段吸收量较高，是产量形成的关键时期。因此，在田间管理上应重视后期的施肥问题。

总之，玉米对氮、磷、钾的吸收进程的总趋势是：苗期吸收量少，拔节后逐步加快，雌穗小花分化期前后出现高峰，然后逐渐减慢。从玉米吸肥进程可以看出，苗期虽然植株需肥量少，但因吸收能力低，脱肥以后无法补救，所以苗期是玉米需肥的临界期，必须保证不脱肥。穗期是玉米吸肥最活跃的时期，如果该期缺肥，既严重影响营养生长，也严重影响生殖生长。所以保证该期充足的营养供应，具有特别重要的意义，此期也被称为最高生产效率期。从玉米的吸肥特性和需要来看，该期应是玉米重施速效肥的时期。花粒期植株仍有一定的吸肥能力和需肥量，根据具体情况，追施适量的"攻粒肥"也是可行的。

（三）施肥对玉米籽粒品质的影响

施肥不仅对提高玉米产量有重要作用，而且对玉米籽粒品质的影响也很大。不同营养元素对品质的影响作用不同。在评价玉米籽粒品质时，主要是考虑籽粒所含的蛋白质、氨基酸、脂肪、淀粉和维生素等营养成分。在氨基酸中主要考虑人和动物必需的氨基酸，特别是赖氨酸和色氨酸的含量，因为普通玉米品种籽粒蛋白质所含这两种氨基酸很少。

1. 氮肥对玉米籽粒品质的影响

在不同条件下施用氮肥能明显提高玉米籽粒中蛋白质含量。施氮肥虽然增加了籽粒中粗蛋白质含量，但是氮对不同种类蛋白质的影响程度不同。清蛋白和球蛋白不易受氮的影响，而玉米醇溶蛋白受氮肥影响显著。增施氮肥明显提高了玉米醇溶蛋白含量和它占粗蛋白质的比值。玉米醇溶蛋白占粗蛋白质比例的增加主要发生在籽粒成熟后期。迟施氮肥，提高了醇溶蛋白占粗蛋白质的比例，降低了蛋白质中赖氨酸、苏氨酸、半胱氨酸所占比例，但是，因为高赖氨酸玉米籽粒的贮藏蛋白主要是谷蛋白，而不是醇溶蛋白，所以降低了蛋白质的营养价值。

施氮肥主要目的是提高谷蛋白所占比例，而不是提高醇溶蛋白的比例。其籽粒蛋白质中醇溶蛋白含量维持在15%左右时，随籽粒蛋白质含量的提高，其营养价值也提高。

氮肥对玉米籽粒中某些必需氨基酸也有显著影响。增施氮肥显著降低了色氨酸、赖氨酸和苏氨酸的含量，提高了苯丙氨酸、亮氨酸的含量，而对缬氨酸、蛋氨酸和异亮氨酸的影响不大。在非必需氨基酸中，甘氨酸和精氨酸含量显著降低，丙氨酸、酪氨酸和谷氨酸含量显著提高，对其他氨基酸影响不显著。有机肥和氮化肥相配合，使玉米氨基酸总量比无肥对照提高41.92%。

施氮肥还可以提高玉米籽粒含油量。籽粒含油量随施氮量的增加而提高。玉米籽粒成熟过程中氮素供应的多少影响籽粒中淀粉和蛋白质含量。施氮肥降低了淀粉含量，因为有较多的碳水化合物转化成蛋白质和脂类物质。若该时期氮素供应少，则更多的光合产物用于合成淀粉。另外，施氮肥还可以增大普通玉米品种籽粒容重，降低籽粒的易碎性，使之更适于机械化收获、脱粒、烘干等生产环节，降低籽粒破碎率，提高玉米籽粒的商品等级。

2. 磷肥对玉米籽粒品质的影响

磷对玉米籽粒品质有明显的影响。随着磷肥用量提高，籽粒中蛋白质、淀粉和碳水化合物含量明显提高，蛋白质与碳水化合物的比值增大，蛋白质中赖氨酸和色氨酸含量明显提高。在每公顷施五氧化二磷75~187.5千克条件下，每100克籽粒蛋白质中赖氨酸和色氨酸含量分别比不施五氧化二磷提高40.6%和33.3%。施磷肥能提高玉米籽粒含油率。玉米施磷肥后，籽粒含油量提高1.9%~11.8%。在缺磷条件下，每公顷施磷肥20千克，其玉米籽粒含油量比空白对照增加30%，油脂产量增加40%。

3. 钾肥对玉米籽粒品质的影响

钾肥可显著增加玉米籽粒蛋白质含量。玉米施钾肥的籽粒中蛋白质含量为10.08%，不施钾肥的为9.17%。适量增施钾肥可显著增加玉米籽粒中多种营养物质的含量，在提高产量的同时大大提高了玉米营养价值、加工品质和适口性。一般认为钾肥的最佳施用量为每公顷225千克硫酸钾。过量施用钾肥对蛋白质、脂肪、赖氨酸的形成和积累也有抑制作用，但对不同物质抑制作用程度不同，其抑制作用强弱顺序为：总糖＞赖氨酸＞脂肪＞蛋白质。

4. 氮、磷、钾肥配合施用对玉米籽粒品质的影响

虽然氮、磷、钾肥单独施用都可以从某些方面上改善玉米籽粒的品质，但是，如果将氮、磷、钾按适当比例配合施用，能在更大程度上提高玉米籽粒的品质，而且还能消除单独施用大量氮肥对蛋白质品质带来的不利效应，提高玉米籽粒蛋白质中必需氨基酸含量。对于提高玉米籽粒蛋白质含量，氮、磷、钾配合施用的效果比氮、磷配合施用效果好。氮、磷、钾配合施用，能提高玉米籽粒蛋白质中17种氨基酸总量和7种必需氨基酸总量，能大幅度提高玉米籽粒含油量。在高施氮量条件下若要同时获得较高的籽粒产量和较好的籽粒营养品质，就必须按氮、磷、钾的适宜比例施肥，具体用量和比例应依不同的栽培条件而定。

5. 微量元素肥料对玉米籽粒品质的影响

（1）锌肥对玉米籽粒品质的影响

玉米是对锌肥最敏感的作物之一，在缺锌土壤上施用锌肥不仅能显著提高玉米籽粒产量，还能够明显改善籽粒品质。施用锌肥能使籽粒中蛋白质与碳水化合物比值及赖氨酸、色氨酸含量大幅度提高。在土壤有效锌含量低于0.06毫克/千克时，每公顷施硫酸锌25千克和50千克，籽粒蛋白质中赖氨酸含量分别提高19.3%和57.8%，色氨酸含量分别提高16.7%和47.9%。施锌肥能提高玉米籽粒中粗蛋白含量。磷肥中添加锌，可提高玉米籽粒中赖氨酸含量，并提高玉米含油量。

（2）锰肥对玉米籽粒品质的影响

锰肥对提高玉米籽粒含油量作用明显。施锰肥可使玉米籽粒中粗淀粉、粗蛋白和总糖量提高。

（3）其他元素

每公顷玉米叶面喷施硒肥37.5~60.0克，籽粒赖氨酸含量提高25.27%~24.33%。稀土元素使玉米籽粒中蛋白质含量增加37.2%，粗脂肪含量增加5.5%，粗纤维含量增加7.3%，但无氮浸出物含量减少了14.7%。

四、玉米高产高效施肥技术

施肥在玉米增产诸因素中起25%~30%的作用。玉米高产需从土壤吸收大量的营养元素，每公顷玉米产量为9000~10500千克，需施入氮素144.0~201.0千克、磷素63.0~87.0千克、钾素142.5~199.5千克。相当于每公顷需施入尿素 300~450 千克、过磷酸钙 450~600 千克、氯化钾 300~375 千克。玉米施肥应掌握以下原则：基肥为主，追肥为辅；有机肥为主，化肥为辅；氮肥为主，磷钾肥为辅；攻穗肥为主，攻粒肥为辅。

（一）玉米施肥技术

1. 施足基肥

播种前施用的肥料称作基肥，也称底肥，以有机肥为主，化肥为辅。基肥施用分条施、撒施和穴施三种方法，以集中条施和穴施效果最好。施肥时使肥料靠近玉米根系，容易被作物吸收利用。农谚说"施肥一大片，不如一条线"就是这个道理。无论条施或穴施，施用前应充分捣细混匀，结合耕地将肥料翻入土壤。如以氮、磷化肥作基肥，应尽量集中条施或穴施。

有机肥作基肥应与磷肥一起堆沤，施用前再掺入氮肥，可以减少土壤固定，提高肥料利用率。北方春播玉米在秋耕时施入，翌年春耕松土后播种，有保蓄水分、提高肥效的作用。黄淮海平原夏播玉米和套种玉米，因农时紧张一般给前茬小麦重施有机肥和磷肥，玉米利用磷肥后效。宽行套种玉米将基肥条施于玉米播种带中。

2. 用好种肥

在播种时施在种子附近或随种子施入，供给种子发芽和幼苗生长。种肥以速效化肥为主。

氮素化肥应根据肥料性质选择使用。就含氮形态来说，分为硝态氮肥和铵态氮肥，要求用量合适，施用方法恰当，能直接被根系吸收，只要用量不过多，施用就无害。实践表明，磷酸二铵作种肥比较安全。碳酸氢铵、尿素作种肥，要距种子 10 厘米以上，以免烧伤种子。

磷钾肥混合作种肥有明显的效果。据试验，在中等肥力土壤中增施钾肥或磷、钾肥，比单施氮肥分别增产 11.6% 和 17.0%。播种时集中穴施氮、磷、钾肥料，还可造成施肥点局部呈较高浓度区，减少土壤固定，有利于根系吸收。施用数量应根据土壤肥力、基肥用量而定。在施用基肥较多的情况下，可以少施或不施种肥，反之可以多施。据各地经验，一般每公顷应施入优质有机肥 4500~7500 千克，或施入尿素 120~150 千克，或施入磷酸二铵 120~150 千克。

3. 分次追肥

在玉米生育期间施用的肥料称为追肥。玉米是一生需肥较多和吸肥较集中的作物，单靠基肥和种肥不能满足各生育时期的需要（图 4-1）。

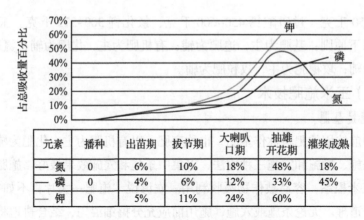

元素	播种	出苗期	拔节期	大喇叭口期	抽雄开花期	灌浆成熟
── 氮	0	6%	10%	18%	48%	18%
── 磷	0	4%	6%	12%	33%	45%
── 钾	0	5%	11%	24%	60%	

图4-1 玉米不同生育时期需肥规律

生产上一般采用三次追肥法，即拔节期攻秆，孕穗期攻穗，灌浆期攻粒。许多试验证明，三次追肥处理产量明显优于两次追肥，两次追肥的产量又高于一次追肥。

（1）攻秆肥

拔节期追肥，促根壮苗，促叶壮秆，促进雌雄穗分化。春玉米大致在播种后40~50天、有6~7片展开叶时，夏玉米大致在播后25~30天、有5~6片展开叶时施用。肥料宜施在距植株10~15厘米，开沟深施5~10厘米，施后覆土。

（2）攻穗肥

拔节期至抽雄穗期追肥。春玉米大致在13~15片展开叶，夏玉米在11~13片展开叶，正值雌穗小花分化盛期，营养生长和生殖生长并进，需要较多的养分，是决定果穗大小和行数分化的关键时期。攻穗肥宜采用速效氮肥，结合浇水和中耕，以迅速发挥肥效。

（3）攻粒肥

抽雄穗前后10~15天追肥，此时植株叶片即将完全展开或已完全展开，雌穗完成受精，玉米从营养生长转入生殖生长阶段。据研究，玉米籽粒中的干物质产量的90%来自雌穗受精后叶片的光合作用产物。保持玉米青枝绿叶，活秧成熟，是增加粒重、获取高产的重要措施。一般每公顷施尿素120~150千克，也可采用叶面喷施。

玉米分次追肥数量要根据玉米品种、土壤肥力而定，春玉米在施足基肥和种肥基础上掌握"前轻后重"的原则，即全部追肥按3∶6∶1分配；夏玉米生育期短，施用基肥少，掌握"前重后轻"的原则，即全部追肥按 6：3：1 或 6：4 分配。

4. 玉米缓控释肥施用

与传统肥料相比，缓控释肥具有很多优点。首先缓控释肥可以根据作物的养分吸收规律基本同步释放养分，肥料利用率约提高 50%，且降低了因局部肥料浓度过高对作物根系造成伤害的风险；其次，缓控释肥采用"种肥同播"的种植方式，减少了施肥数量和次数，节约了劳动力和成本。但缓控释肥在使用过程中一定要注意种肥隔离，确保肥料在玉米种子的侧方，隔 6~8 厘米左右。

玉米施肥有三个发展趋势：一是随着复合肥料、包衣肥料、长效肥料等新型肥料以及化肥增效剂的生产，有效减少肥料由于挥发流失或土壤固定所导致的损失。二是研究植株营养平衡诊断，应用快速化验技术和计算机诊断技术，按目标产量施肥。三是改进施肥方法。采用小型简易轻便的机械，深施、底施、分层追施或喷施。四是通过建立计算机数学模型或专家咨询系统，因地制宜推广最佳施肥量和施肥方法，提高肥料利用率。

（二）节肥增效的技术措施

1. 氮、磷、钾肥配合施用

氮、磷、钾三种肥料配合施用可以提高三者的利用率。但玉米对磷肥不像小麦那样敏感，除非已经证明是特别缺磷的土壤外，一般可以不施磷肥。经常施用磷肥，或施过大量有机肥料的田块就不需要施用磷肥了。要施用磷肥时，一定要早施、深施，作基肥施。最新的研究证明，在土壤钾素丰富的地区，施用钾肥可以使玉米籽粒饱满，结籽到顶，也有一定的增产作用。钾肥施入土壤以后可以解离出钾离子，带正电荷，会被带负电荷的土壤胶体吸附，不会发生流失。因此，钾肥可以早施，作基肥施。

2. 改地表施为深施

表面撒施的肥料利用率低，适当入土深施可以明显提高肥料利用率。磷肥施入耕作层全层比集中施用利用率高 3~4 倍。磷肥很难移动，施得太浅，例如撒施到土壤表面，扎到深层的根系对它无法利用。磷肥要施得深，氮肥也要施得深。氮肥活跃，既可变成气体进入大气，也可随水渗到土壤下层。深施氮肥无法防止其下渗，但可阻止其蒸发，保肥增效。其中尤以挥发性强的氨水和碳酸氢铵深施时效果最好。

在干旱条件下用硝酸铵和硫酸铵进行不同深度施肥，以深施到16.5~19.8厘米的效果最好。将化肥撒在地表，然后中耕覆土，必然要造成肥效的损失，尤其对生长在高温季节的夏玉米和挥发性强的碳酸氢铵之类氮肥来说，损失更大。

3. 施肥必须与灌溉相结合

肥料只有溶解在水中方能被根系所吸收，所以灌溉可以显著提高肥料的利用率，氮肥在水浇地的增产效果明显优于旱地。当每公顷施氮量由22.5千克增加到112.5千克时，在旱地上每千克氮肥只增产4.2千克；而在水浇地上增施同量的氮肥，每千克氮肥增产27.2千克。农民说"肥来水收"，天旱时施肥只有结合浇水才能获得满意的效果。

4. 增施肥料必须和增加密度相结合

关于玉米施肥与密度的关系已经积累了较多的资料，国内外公认的原则是"肥地宜密，瘦地宜稀"，目前我国许多玉米高产县采用的都是"一换两增"的战略，即通过用紧凑型品种取代平展型品种来增加密度，同时相应增加化肥的投入量。

5. 正确确定施肥时间、追肥时期与次数

要根据玉米的吸肥规律、产量水平、地力基础和施肥数量来确定。①磷、钾肥苗期吸收较多，磷肥不易流失，以播前耕翻时一次全部深施为宜。氮肥全生育期均在吸收，又易流失，应分次施用。玉米对氮肥特别敏感，氮肥对玉米的增产作用也特别突出，一般情况下没施氮肥就减产。氮肥施用要掌握"前期适当少，后期适当饱"的原则。前期适当少就是前期的施用量不能太多。前期肥料的作用主要是催苗，长茎叶，太多了，玉米长得高大、脆弱，容易倒伏，易染病害；而后期氮素供应不足就会产生秆高棒小、产量不高的结果。这就是农民常说的"从小催到老，秆高棒子小"现象。②夏玉米一出苗就处于高温多雨的条件下，幼苗生长快，苗期吸肥多，更要注意氮肥早施重施。

试验证明，如果把计划施用的氮肥总量分成4份（例如，每公顷计划施用300千克尿素，每份就是75千克），播种时作种肥施1份（75千克），拔节时施1份（75千克），抽雄前（大喇叭口期）施用2份（150千克），玉米产量最高，氮肥利用效率也最高，比其他分配方式每公顷可多增产750千克以上的籽粒产量。有的地区普遍采用"一底一追"的办法，即70%底施，30%在九叶期展开时追施。

（三）玉米缺肥症状及矫正技术

1. 缺氮症状及矫正技术

（1）症状

玉米需氮量大，缺氮时苗期生长缓慢，矮瘦，叶色黄绿，抽雄迟。就单株玉米来看，生长盛期缺氮，表现为老叶先发黄，而后才逐渐向嫩叶扩展。最初老叶从叶尖沿着中脉向叶片基部枯黄，枯黄部分呈"V"字形，叶缘仍保持绿色，略卷曲，最后呈焦灼状而死亡。这是由于在缺氮条件下，下部老叶中的蛋白质分解，并把它转移到生长旺盛的部分。

（2）矫正技术

玉米施肥管理要解决"一炮轰"的习惯，要随着机播的推广提倡施用种肥，或5叶前追施提苗肥；大喇叭口期追肥后，注意适时适量的追施攻粒肥。

2. 缺磷症状及矫正技术

（1）症状

玉米苗期缺磷，即使后期供给充足的磷也难以弥补早期的不良影响。苗期缺磷，根系发育差，苗期生长缓慢。5叶期后明显出现缺磷症状，叶片呈紫红色，叶尖紫色，叶缘卷曲，这是由于碳元素代谢在缺磷时受到破坏，糖分在叶中积累，形成花青素的结果。但是，叶上的这种症状也可因虫害、冷害和涝害而引起，所以要作全面分析。缺磷还使花丝抽出速度缓慢，影响授粉，并出现果穗卷缩、穗行不齐、籽粒不饱满、秃顶等现象，并造成成熟延迟。

（2）矫正技术

可以在基肥中增施磷肥，即每公顷用1125~1500千克磷肥作底肥，或追施含磷的玉米专用肥。发现缺磷症状后可每公顷用磷酸二氢钾3千克兑水450千克进行叶面喷施，或喷施1%过磷酸钙溶液。

3. 缺钾症状及矫正技术

（1）症状

玉米缺钾时，根系发育不良，植株生长缓慢，叶色淡绿且有黄色条纹，严重时叶缘和叶尖呈现紫色，随后干枯呈灼烧状，叶的中间部分仍保持绿色，叶片却逐渐变皱。这些现象之所以多表现在下部老叶上，是因为缺钾时老叶中的钾转移到新器官组织中去。缺钾还使植株瘦弱、易感病、易倒折，果穗发育不良、秃顶严重，籽粒淀粉含量少、千粒重下降，造成减产。

（2）矫正技术

玉米是喜钾作物，一般每公顷施 150 千克氯化钾作底肥或苗期结合追肥施入。也可叶面喷施磷酸二氢钾，每公顷用量 3 千克兑水 450 千克。也可以追施玉米专用肥。

4. 其他元素缺乏症状及矫正技术

（1）缺钙症状及矫正技术

钙对玉米生长有重要作用，缺钙可引起细胞黏质化，首先是根尖和根毛细胞黏质化，使细胞分裂和伸长减弱，生长点呈黑胶黏状。叶尖产生胶质，叶子扭曲黏在一起，而后茎基部膨大并有产生侧枝的趋势。我国北方石灰性土壤一般不会发生缺钙症状。如出现缺钙症状可喷施 0.5% 氯化钙溶液。南方强酸性低盐土壤，可每公顷施石灰 750~1125 千克，切忌与铵态氮肥或腐熟的有机肥混合施入。

（2）缺镁症状及矫正技术

缺镁时，玉米老叶的边缘或叶脉间出现黄色条纹，条纹由叶基向叶尖发展，逐渐发展成缺绿斑，变棕色或坏死，茎秆叶鞘紫红色，幼叶黄白色。缺镁农田每公顷可施钙镁磷肥 750 千克，生长期出现缺镁症状可叶面喷施 0.1%~0.2% 硫酸镁溶液。

（3）缺硫症状及矫正技术

玉米缺硫时，植株矮小，与缺氮相似，叶发黄，下部叶子和茎秆常带红色，籽粒成熟延迟。可施用含硫的复合肥或硫酸铵、硫酸钾、硫酸锌等含硫肥料。生长期出现缺硫症状，可叶面喷施 0.5% 的硫酸盐溶液。

（4）缺硼症状及矫正技术。

玉米缺硼表现为根系不发达，植株矮小，上部叶片脉间组织变薄，呈白色透明的条纹状，叶薄弱，发白，甚至枯死，生长点受抑制，雄穗抽不出来，雄花退化变小，以至萎缩，果穗退化畸形，顶端籽粒空瘪。缺硼可追施玉米专用肥。严重缺硼地块，可用 7.5 千克硼砂作底肥。生长期出现缺硼症状，可每公顷用 2.25~3.00 千克硼砂兑水 450 千克叶面喷施。

（5）缺锌症状及矫正技术

玉米严重缺锌会出现花白苗。在 3~5 叶期呈现白色幼苗，新生幼叶淡黄色或白色，特别是叶基部 2/3 处更为明显。中后期表现出节间缩短，植株缩小，根部呈黑色，生长受阻，不结果穗或果穗严重秃尖，甚至干枯死亡。玉米缺锌严重地块，可每公顷施用 15~22.5 千克硫酸锌作底肥，或每千克玉米种子用 6 克硫酸锌拌种，或用 0.1%~0.3% 硫酸锌溶液浸种，或每公顷用 750~1125 克硫酸锌兑水 450 千克叶面喷施。

（6）缺锰症状及矫正技术

锰是植物体内酶的激活剂，它对玉米的呼吸作用、光合作用以及叶绿素的形成有重要作用。玉米缺锰症状是：从叶尖到基部沿叶脉间出现与叶脉平行的黄绿色条纹，幼叶变黄，叶片柔软下垂，茎细弱，籽粒不饱满，排列不齐，根细而长白。缺锰可用 0.1%~0.3% 硫酸锰溶液浸种，或每千克玉米种用 10 克硫酸锰拌种，或用 0.5% 硫酸锰溶液叶面喷施。

（7）缺铜症状及矫正技术

玉米缺铜时，顶部和心叶变黄，生长受阻，植株矮小丛生，叶脉间失绿一直发展到基部，叶尖严重失绿或坏死，果穗很小。缺铜一般可追施玉米专用肥。对严重缺铜的田块，可用 22.5 千克硫酸铜作底肥。生长期出现缺铜症状，可每公顷喷施 0.1%~0.15% 硫酸铜溶液。

（8）缺铁症状及矫正技术

铁是叶绿素的组成部分，缺铁时上部嫩叶先失绿、黄化，其次向中、下部发展，叶片呈现黄绿相间条纹，严重时叶脉黄化，叶片变白。缺铁以施有机肥为宜，或追施玉米专用肥。生长期出现缺铁症状时喷 0.3%~0.5% 硫酸亚铁溶液，或用 0.02% 硫酸亚铁溶液浸种。

（9）缺钼症状及矫正技术

玉米缺钼先是在老叶上出现失绿或黄斑，叶尖易焦枯，严重时根系生长受到抑制，形成大面积植株死亡。缺钼可用 0.03% 钼酸铵溶液浸种或每千克种子用 2~4 克钼酸铵拌种。生长期缺钼可叶面喷施 0.05% 钼酸铵溶液。

第五章　怎样提高玉米的灌溉效益

灌溉对玉米高产影响极大。在降水偏少和水资源不足的条件下，应该根据玉米的生育特点，合理用水，科学浇水，充分发挥水资源的利用率，推广旱作栽培和节水灌溉技术，稳定提高玉米产量。

一、玉米灌溉上的误区

（一）灌溉就是浇地

说到灌溉，许多农户把灌溉误认为就是浇地，而且是大水漫灌，灌饱、灌足，加之渠道输水损失大，我国农业灌溉利用系数仅为 0.45，水的浪费现象特别严重。灌溉实质上是浇作物，而不是浇地，我们应该认识到农业灌溉必须采用节水灌溉。发展农业除了采用现代先进技术外，一个核心的、根本的问题还要搞节水农业。

有些农户认为灌水越多越好，这也是错误的。农谚说"有收无收在于水"，就形象地说明了农作物对水的需求和水在农业生产中的作用和地位。但是，作物需水并非越多越好，因为每一种作物从种到收每时每刻都需要水，而且有一定的需水规律。土壤严重缺水，不能满足作物正常生长所需水分，作物就会死亡；土壤中水分过多，长期处于多水状态，作物又会因受涝而死亡。作物离不开水，但又不是水越多越好，作物灌水也要根据不同的生长时期和缺水状况，确定灌水多少，要用最少的水量取得最大的产量。

（二）浇地就必须浇透

不少农民误认为浇地必须浇透才耐旱，就是说浇一次水要使上部湿润土壤层要与下部湿润土壤层相接，其实这样浇地并不科学，因为作物在不同的生育阶段其根系层埋藏的深度不同，一般情况下苗期根系较浅，中、后期根系才发育延伸到一定深度（最大不超过 40 厘米）。所以浇地时，苗期只需满足浅根需水就行，完全不需要浇透，生长旺盛时期只要满足根系层深度的储水要求即可。浇地必须浇透往往形成灌溉水大量深层渗漏，造成极大的无效水量，增加单位面积的灌溉成本。目前，各地推广微水灌溉就是只湿润作物根区附近土壤，实行小水勤灌，可明显降低灌水成本。

然而，有些农户认为节水灌溉就是少灌水，也是片面的认识。节水灌溉是以最少的水量消耗获得尽可能多的农作物产量，取得最好的经济效益和生态效益。节水灌溉就是在输水过程中减少无效的损耗，在田间为作物所利用时减少深层渗漏和株间蒸发，提高水分的产出率，因而不能简单地理解为少用水就是节水灌溉。节水灌溉措施可分为三种：工程措施，如渠道防渗，管道灌溉、喷灌、滴灌等；农艺措施，如采用耐旱品种、生物覆盖、施用化学保水剂等；管理措施，如科学管理、计划用水等。

（三）有水就浇

有些农户采取有水就浇的做法，实际效果不一定好。在拔节前的苗期，如不根据实际情况进行浇水，往往使地上部的幼苗徒长，地下部的根系难以深扎，使以后植株易出现倒伏。在灌浆期过量的追肥浇水，既加大投资，又浪费肥料，还会造成玉米贪青晚熟，遭受霜冻的不良后果。有的农户对污水灌溉的认识也存在着误区，采取"拿来就灌"的措施，也不管污水从何而来、水质如何，是否适合灌溉。一方面可能造成烧苗，降低产量，使其品质变差，严重的会绝产；另一方面易造成地下水污染。灌溉前一定要对所引用的废污水进行监测，不符合灌溉标准的水坚决不用，严格执行灌溉水质标准。应对含有有毒物质的废污水进行无害化处理，尽可能地减少有毒物质进入农田，使水资源得到有效利用。

二、玉米的需水特性

玉米的需水量也称耗水量，是指玉米在一生中土壤棵间蒸发和植株叶面蒸腾所消耗的水分总量。玉米全生育期需水量受产量水平、品种、栽培条件、气候等众多因素影响而产生差异，因此需水量亦不尽一致。

（一）影响需水量的因素

1. 产量与需水量关系

籽粒产量的高低与生物产量、经济产量密切相关，其中干物质产量是经济产量的基础，而干物质产量的累积和生物产量向籽粒转化效率的高低无不以水为先决条件。在一定范围内玉米的需水量随着籽粒产量水平的提高而逐渐增多，在产量水平较低时，随产量的提高，对水分的消耗量近似呈直线式上升，当产量达到一定水平后，耗水量不再随产量的提高而直线式增加，其相关曲线趋于平缓。

随着玉米籽粒产量的增加，耗水系数呈下降趋势，水分生产率则呈上升趋势。在产量水平较低时，每毫米水生产的玉米籽粒相对较少，如玉米籽粒每公顷产量6000千克时，每毫米水仅生产1.3千克玉米籽粒；每公顷产量7500~9000千克时，每毫米水生产籽粒1.5千克左右；在每公顷产量9750~10500千克时，每毫米水生产1.6~1.7千克籽粒。因此，在水资源逐渐匮缺的情况下，高产区以有限的水资源，在较小的土地面积上，集中用水，通过提高玉米单产实现增加总产，是对水资源最经济有效的利用。

2. 品种与需水量

玉米需水量受品种影响。品种不同使生育期长短、单株生产力、株型、吸肥能力、抗旱性等均产生差异，耗水量亦不同。早熟品种需水300~400毫米，中熟品种需水500~800毫米，晚熟品种需水800毫米以上，全生育期内供水量不得少于350毫米。即使在同一产量水平，对水分的消耗总量也各异。生育期长的品种，相对叶面蒸腾量大、棵间蒸发和叶面蒸腾持续期相对较长，耗水量也较多。反之，生育期短的品种耗水量则较少。抗旱性强的品种，叶片蒸腾速率低于一般品种，消耗的水分较少。反之，抗旱性弱的品种耗水量多。耐旱的农家品种，耗水量要少于高产的杂交种。

3. 栽培措施与耗水量

施肥、灌水、密度和田间管理等栽培措施都是影响玉米需水量变化的重要因素，即使品种相同，耗水量也不同。了解栽培措施对耗水量的影响，可以为经济用水、正确合理地运用栽培技术措施、提高产量提供依据。

（1）施肥与耗水量

在相对一致的生态条件下，增加施肥量可促进植株根、茎、叶等营养器官生长，不仅增强了根系对深层土壤水分的吸收，同时也增加了蒸腾面积和植株蒸腾作用，从而使耗水量增加。因此，施用大量的肥料（尤其氮肥），或在肥力较高的土壤上增加灌水量是必要的，有利于提高肥效、增加产量。

植株体内水分消耗的主要途径是通过叶片气孔蒸腾散失，肥料种类、数量对叶片气孔开度、正常功能会产生影响，从而影响了叶片蒸腾强度，导致水分消耗量不同。氮不足会使气孔开度变小，影响蒸腾。缺少钾、铁、钙也和缺少氮一样，会使水分消耗减少。施磷肥可使蒸腾作用减弱。

（2）灌水与耗水量

玉米生育期间灌水次数、灌水量、灌水方法与耗水量有密切关系。灌水次数越多，每次灌水量越大，玉米实际的耗水量越高。在灌水量较小时，加之灌水次数多，水分常集中于土壤表层，反而加剧地表蒸发，使耗水量加大，同时易造成土壤板结。灌水量过大时，易造成水分地表径流，或向土壤深层渗漏，加大农田耗水量，增加无效耗水。

灌水方法不当，会增加耗水量，降低水分利用率，甚至造成土壤次生盐渍化。小畦比大畦灌水田间耗水量可节约20%以上。大畦漫灌不易控制水量，流量大，易发生径流，同时不易浇灌均匀，小畦灌溉克服了这些弊端。采用沟灌，引水入沟内，水分通过毛细管作用向沟侧、沟顶缓慢浸润，逐渐湿润土壤，不仅减轻土壤板结，使土壤疏松透气，还可避免水分向深层渗漏、节省用水、降低耗水量。试验表明，沟灌比大畦灌水减少30%以上用水。此外，喷灌耗水量比地面灌溉更省水。不恰当地加大灌水量，增多灌水次数，采用不科学的灌水方法都会加大玉米耗水量，无效耗水增多，降低水的利用效率。

（3）密度与耗水量

对同一品种而言，在一定密度范围内，随密度的增加总耗水量有加大的趋势。其原因是密度的提高增加了群体叶面积，使蒸腾量相应增多，从而使耗水总量增加。当超过适宜密度范围时，由于群体过大，叶片相互重叠严重，致使下部叶片受光少，叶片气孔的光调节受到一定限制，使群体下层叶片蒸腾速率较正常密度大大降低；同时密度加大，株间环境条件恶化，下部叶片过早黄化、枯死，甚至发生倒伏，最终导致耗水量和产量的降低。

密度的差异对阶段耗水量的影响主要表现在生育中后期，对生育前期影响不大。苗期植株矮小、叶少、对地面的覆盖程度均较低，叶面蒸腾与地面蒸发耗水少，阶段耗水量差异不明显。但随植株生长量加大，蒸腾耗水占主导地位，密度增加，阶段耗水量明显增加，导致总耗水量产生差别。

（4）中耕与耗水量

中耕时间、深度、方法等对耗水量有一定影响。中耕可以切断土壤毛细管，避免下层土壤水分向空间蒸发，中耕的除草作用亦减少了水分的无效消耗。因此，中耕抑制了需水量的增加，尤其在降雨和灌水后及时中耕松土，对减少棵间土壤蒸发作用更显著。虽然中耕可以减少棵间蒸发水量，但中耕时间不同、效果不同，蒸发量也有差异。

玉米生育前期，田间覆盖率低，中耕抑制土壤水分蒸发散失的效果高于生育后期。中耕深度对耗水量也有一定影响，中耕 4 厘米深度较之 2 厘米深度土壤蒸发量小。

（5）覆盖与耗水量

地面加覆盖物，如地膜、秸秆等，可减少土壤水分蒸发，从而降低玉米总耗水量。玉米地膜覆盖后全生育期田间总耗水量比裸地玉米少。地膜玉米耗水规律与裸地玉米没有太大差异，仍表现为生育前期少、中期多、后期略少的变化趋势。不同的是，玉米覆膜后，减少了生育前期棵间土壤水分蒸发量，而此间阶段耗水量的 50% 以上由棵间蒸发散失。由于地膜的阻隔，切断了土壤水分与大气的直接交换，使水分无法散失到大气中，从而降低了阶段耗水量及总耗水量。因此地膜覆盖是旱地春玉米提高保苗率、节水增产的一项有效措施。玉米田内进行秸秆（如麦秸、玉米秸）覆盖，不仅可以培肥土壤，还能有效地减少土壤水分蒸发，降低耗水量，提高水分利用效率。

4. 土壤条件与需水量

土壤环境条件如土壤质地、土壤含盐量、土壤水分状况、地下水位的高低等与玉米耗水量密切相关。

（1）土壤质地

土壤质地不同，保水能力强弱有差别。即使产量水平、品种等条件一致，耗水量也不同。沙土地由于颗粒间孔隙大，毛细管作用弱，土壤水分很易通过大孔隙蒸发。由于沙土通气透水性强，故灌水或降雨很容易渗漏到土壤深层，因此沙土地持水量少，保水能力差，耗水量也大。黏土地与沙土地相反，由于颗粒间隙很小，毛细管作用也强，通气不良、透水性差，因此灌水或降雨后虽保水力强，但由于渗透性差，易使水分发生地面径流，增加无效耗水。若不及时中耕，土壤还易发生龟裂而蒸发失水。此外，黏土贮水量大，使土壤水分含量高，也造成耗水量增加。

壤土消除了沙土、黏土的缺点，具有一定数量的大孔隙，又有相当多的毛管孔隙，故不仅透水透气性良好，保肥保水能力也强，土壤含水量适宜，玉米的耗水量较沙土、黏土少。

（2）土壤含盐量

土壤含盐量高，耗水量大。在盐碱地种植玉米耗水量较一般壤土要消耗更多水。

（3）土壤水分状况

土壤水分状况对玉米需水量产生影响。在其他条件基本相同时，土壤含水率越高，玉米叶片蒸腾和棵间蒸发越大，耗水量也相应增多。

土壤水分含量与叶片蒸腾强度密切相关。叶片蒸腾强度随土壤含水量的提高而增大。叶片蒸腾强度大小对单位叶面积耗水量、单株生育期耗水量产生影响。土壤含水量高、叶片蒸腾强度大、单位叶面积及单株玉米蒸腾耗水就多，使玉米群体蒸腾耗水量增大，导致总需水量增多。

一般地下水位高的，土壤湿度相对都大，叶面蒸腾和棵间蒸发量亦多，因而总需水量就增多。反之，地下水位低，土壤湿度小，总需水量亦少。

5. 气候条件与需水量

凡能影响玉米棵间蒸发和叶面蒸腾的气候条件，均可使玉米需水量发生变化。如光照强度、日照时数、温度、空气湿度、风力、降水量、气压等，一般在相同栽培条件下，玉米生育期内气温高、积温量大、空气湿度小、光照强度大、日照时数长、风力大，这些气象因素综合作用的结果均会导致地面蒸发和叶面蒸腾作用增强，使总耗水量增多。此外，降水量多的年份常使耗水量增多。

（二）不同时期的需水规律

1. 播种至拔节期

该阶段经历种子萌发、出苗及苗期生长过程。土壤水分主要供应种子吸水萌动、发芽、出苗及苗期植株营养器官的生长。因此，此阶段土壤水分状况对能否顺利出苗及苗期植株壮弱起了决定作用。底墒水充足是保证全苗、齐苗的关键，尤其高产玉米，苗足、苗齐是高产的基础。夏播区气温高、蒸发量大、易跑墒。土壤墒情不足会导致程度不同的缺苗断垄，造成苗数不足。因此，播种时灌足底墒水，保证发芽出苗时所需的土壤水分。苗期注意中耕等保墒措施，使土壤湿度基本保持在田间最大持水量的65%~70%，既可满足发芽、出苗及幼苗生长对水分的要求，又可培育壮苗。

2. 拔节至抽雄、吐丝期

此阶段雌、雄穗开始分化、形成，并抽出体外授粉、受精。根、茎、叶营养器官生长速度加快，植株生长量急剧增加。抽穗开花时叶面积系数增至5~6，干物质阶段累积量占总干重的40%左右，正值玉米快速生长期。此阶段气温高，叶面蒸腾作用强烈，生理代谢活动旺盛，耗水量加大。拔节至抽穗开花，阶段耗水量占总耗水量的35%~40%。其中拔节至抽雄期，每公顷玉米日耗水量增至40.5~51.0米^3。抽穗开花期虽历时短暂，绝对耗水量少，但耗水强度最大，每公顷玉米日消耗量接近675米^3。

该期阶段耗水量及干物质绝对累积量均约占总量的1/4，玉米处于需水临界期。因此，满足玉米拔节至抽雄、吐丝期对土壤水分要求，对增加玉米产量尤为重要。

3. 抽雄、吐丝至灌浆期

开花后进入了籽粒的形成、灌浆阶段，仍需水较多。此阶段耗水每公顷1335~1440米^3，占总耗水量的30%以上。籽粒形成阶段每公顷平均日耗水57.15米^3。灌浆阶段每公顷平均日耗水38.40米^3。

4. 灌浆期至成熟期

此阶段耗水较少，每公顷仅为420~570米^3，占总耗水量的10%~30%，但每公顷平均日耗水仍达到35.55米^3。后期良好的土壤水分条件，对防止植株早衰、延长灌浆持续期、提高灌浆强度、增加粒重、获取高产有一定作用。

总之，玉米的耗水规律遵循前期少、中期多、后期偏多的变化趋势。高产水平主要表现三个特点：一是前期耗水量少，耗水强度小；二是中、后期耗水量多，耗水强度大；三是全生育期平均耗水强度高。原因是苗期控水对产量影响最小，适量减少土壤水分进行蹲苗，不仅对根系发育，根的数量、体积、干重的增加有利，还可促进根系向土壤纵深发展，吸收深层土壤水分和养分。

不同生育时期灌溉对玉米产量的影响是不同的（表5-1）。灌溉对穗粒数和千粒重的影响大于对穗数的影响。拔节水主要改善孕穗期间的营养条件，防止小花退化并提高结实率，对增加穗粒数和千粒重也有一定的作用，适当灌溉拔节水可以增产25.0%。灌浆水主要防止后期叶片早衰和提高叶片光合效率，使千粒重、穗数和穗粒数均增加，适当灌溉灌浆水可以增产19.2%。在拔节期和灌浆期各灌1次水，则兼有增加穗粒数和提高千粒重的作用，穗数也略有增加，增产达到39.5%。这表明拔节期、灌浆期两次灌溉有着显著的增产作用。

表 5-1 不同生育时期灌溉对玉米产量构成的影响

处理	穗数 / 万个 / 公顷	穗粒数 / 穗	千粒重 / 克	产量 / 吨 / 公顷	增产 /%
对照	7.40	471.6	290.7	10.14	
拔节水	7.71	525.6	312.6	12.67	25.0
灌浆水	7.53	493.4	325.3	12.09	19.2
拔节水 + 灌浆水	7.70	562.1	326.9	14.15	39.5

三、玉米灌溉制度和灌溉方法

（一）玉米灌溉制度

适时适量灌溉对玉米高产很重要。正常年份一般玉米需浇水两次。第一次在播种前浇好底墒水；第二次在玉米穗分化期即玉米大喇叭口期浇水，此时是玉米的需水临界期，缺水对玉米产量影响极大。如遇干旱年份，要在抽雄后再浇一次水，对玉米的后期生长增加千粒重有很大作用。可以参考中国主要玉米产区的灌溉制度，根据当地水资源情况，因地制宜制定出合理的灌溉制度。

（二）玉米节水高效灌溉方法

1. 水平沟灌

水平沟灌是灌溉水在玉米行间的水平灌水沟内流动，靠重力和毛管作用，湿润土壤的一种灌溉技术。沟灌较大水漫灌对土壤的团粒结构破坏轻，灌水后表土疏松，这对质地黏重的土壤更为重要，可避免土壤板结和减少棵间蒸发量。灌水垄沟深 18~22 厘米。

2. 长畦分段灌和小畦田灌溉

畦田灌溉是灌溉水进入畦田，在畦田面上的流动过程中，靠重力作用入渗土壤的灌溉技术。要使灌溉水分配均匀，必须严格地整平土地，修建临时性畦埂，在目前土地整平程度不太高的情况下，采取长畦分段灌溉和把大畦块改变成小畦田灌溉的方法具有明显的节水效果，采取这样的方式后可相对提高较小田块内田面的土地平整程度，灌溉水的均匀度得以增加，并减少田间深层渗漏和土壤养分淋失。一般所提倡的畦田长 50 米左右，最长不超过 80 米，最短 30 米。畦田宽 2~3 米。灌溉时，畦田的放水时间可采用八九成，即水流到达畦长的 80%~90% 时改水。

3. 波涌灌溉

波涌灌溉将灌溉水流间歇性地推进，而不是像传统灌溉那样一次使灌溉水流推进到沟的尾部。即每一沟（畦田）的灌水过程不是 1 次，而是分成 2 次或者多次完成。波涌灌溉在水流运动过程中出现了几次起涨和落干，水流的平整作用使土壤表面形成致密层，入渗速率和面糙率都大大减小。当水流经过上次灌溉过的田面时，推进速度显著加快，推进长度显著增加，使地面灌溉灌水均匀度差、田间深层渗漏等问题得到较好的解决。尤其适用于玉米沟、沟畦较长的情况。一般可节水 10%~40%。

4. 喷灌

喷灌是将具有一定压力的灌溉水，通过喷灌系统，喷射到空中，形成细小的水滴，再洒落到田间地面上的一种灌溉技术。它具有输水效率高、地形适应性强和改善田间小气候的特点，对水资源不足、透水性强的地区尤为适用。一般情况下，喷灌可节水 20%~30%。

5. 滴灌

滴灌是将具有一定压力的灌溉水，通过滴灌系统，利用滴头或者其他微水器将水源直接输送到玉米根系，灌水均匀度高，不会破坏表土的结构，可大大减少棵间蒸发量，是目前最节水的灌溉技术。

6. 膜上灌

膜上灌是由地膜输水，并通过放苗孔和膜侧旁入渗到玉米的根系。由于地膜水流阻力小，灌水速度快，深层渗漏少，节水效果显著。目前膜上灌技术多采用打埂膜上灌，即做成 95 厘米左右的小畦，把 70 厘米地膜铺于其中，一膜种植两行玉米，膜两侧为土埂。和常规灌溉相比，膜上灌节水幅度可达 30%~50%。

7. 膜下滴灌

膜下滴灌是在膜下应用滴灌技术，结合了滴灌技术和覆膜技术优点的新型节水技术。即在滴灌带或滴灌毛管上覆盖一层地膜，通过可控管道系统供水，将加压的水经过输水干管—支管—毛管（铺设在地膜下方的灌溉带），再由毛管上的滴水器一滴一滴地均匀、定时、定量浸润作物根系发育区，供根系吸收。由于滴灌仅湿润作物根系发育区，所以不会形成径流使土壤板结，且能够使土壤中有限的水分循环于土壤与地膜之间，减少作物的棵间蒸发。据测试，膜下滴灌的平均用水量是传统灌溉方式的 12%，是喷灌的 50%，是一般滴灌的 70%。

8. 微喷灌

微喷灌是通过低压管道将水送到作物植株附近，并用专门的小喷头向作物根部土壤或作物枝叶喷洒细小水滴的一种灌水方法。微喷灌的工作压力低，流量小，既可以定时定量地增加土壤水分，又能提高空气湿度，调节局部小气候。小型行走式喷淋机可以通过其背负的水箱进行微喷灌，喷水的同时还可一次性喷药、喷肥，节水效果明显。

9. 调亏灌溉

研究表明，玉米苗期耐旱性较强，适度干旱对其生长发育影响较小，却能促进根系发展，增大根冠比，得到蹲苗的效果。对玉米苗期调亏（灌溉水量有限）可以显著减少玉米总需水量，而光合速率下降并不明显。复水后玉米根系和地上部分的生长速度加快，根系活力和光合速率提高。经过适宜的调亏处理，玉米需水量大幅度降低，干物质累积总量虽然有所下降，但经济产量并未明显减少，水分利用率高于常规灌溉。

10. 控制性分根交替隔沟灌溉

这种灌溉方式不是逐沟灌溉，而是通过人为控制隔一沟灌一沟，中间一沟不灌溉。下一次灌时，只灌溉上次没有灌水的沟，即确保玉米根系水平方向上干湿交替。每沟的灌水量比传统方法增加 30%~50%，这样分根交替灌溉一般可比传统灌溉节水 25%~35%。大田试验证明，使用该技术后，作物干物质累积有所减少，而经济产量和对照组接近或稍高，水分利用效率大大提高。

11. 交替灌溉施肥技术

即在交替灌溉过程中，将氮肥施到非灌水沟，而在第二次灌溉施肥时，上一次的施肥沟变成灌水沟，而灌水沟变成施肥沟。

交替灌溉施肥技术既避免了氮肥淋失，也使得各沟的肥水供应均匀。如图 5-1 所示，在夏玉米大喇叭口期和抽雄开花期追肥灌溉，灌溉和追肥分别在相邻两个沟中进行，两个时期的灌溉沟和追肥沟位置进行互换。这是在亏缺灌溉或部分根区干燥灌溉技术的基础上发展起来的一种节水施肥技术，可有效减少灌水量，提高灌水利用效率，在交替灌溉条件下，将氮肥施到非灌溉沟也可以减少硝态氮的淋失。在适宜的水氮配合条件下，还可以减少氨挥发和氧化亚氮等气态氮损失，增加玉米产量。

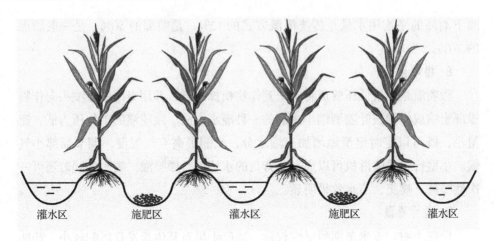

灌水区　　　　施肥区　　　　灌水区　　　　施肥区　　　　灌水区

图 5-1　玉米水肥异区交替灌溉施肥示意图（王林权等，2017）

（三）高产高效节水措施

1. 整修渠道

目前地上渠道灌溉面积大，且渗漏水严重，是玉米灌溉中造成水浪费的主要原因。最好采取先整修渠道，然后铺一层塑料布的办法，可减少渗漏，确保畅通，一般可节约用水 23%~30%。其方法是先加厚夯实渠埂，然后在渠沟里铺一层塑料布。

2. 因地制宜，改进灌溉方法

一是对水源比较丰富、宽垄窄畦、地面平整的地块，可采取两水夹浇的方法；二是对地势一头高一头低的地块，可采取修筑高水渠的方法，把水先送到地势高的一头，然后让水顺着地势往低处流；三是对水源缺乏的地方，可采用穴浇点播的方法，播前先挖好穴，然后再担水穴浇进行点播，一般灌水量可节约 80%~90%。

3. 推广沟灌或隔沟灌

玉米为高秆作物，种植行距较宽，采用沟灌非常方便。沟灌除了省水外，还能较好保持耕层土壤团粒结构，改善土壤通气状况，促进根系发育，增强抗倒伏能力。沟灌一般沟长可取 50~100 米，沟与沟间距为 80 厘米左右，入沟流量以 2~3 升 / 秒为宜，流量过大过小，都会造成浪费。

隔沟灌可进一步提高节水效果，可结合玉米宽窄行采用隔沟灌水，即在宽行开沟灌水。每次灌水定额仅为 300~375 米³，这种方法既省工又省水。

4. 管道输水灌溉

采用管道输水可减少渗漏损失，提高水的利用率。目前常采用的是地下水硬塑料管和地上软塑料管，管道一端接在水泵口上，另一端延伸到玉米畦田远端。灌水时，挪动管道出水口，边灌边退。这种移动式管道灌溉，不仅省水，功效也较高。

（四）玉米旱作蓄水保墒增产技术

我国旱作玉米占玉米种植总面积一半以上。蓄住天上水，保住土中墒，经济合理用水，提高水分利用率，是旱作玉米增产技术的关键。

1. 耕耙保墒

旱作玉米区年降水量60%~70%集中在7~9月。怎样保蓄和利用有限的降雨，就是旱作技术要达到的目的。在一般农田深厚疏松的耕层土壤，截留的降水量可达总降水量的90%以上。土壤的充水和失水过程，大致和降雨季节一致，即早春散墒，夏季收墒，秋末蓄墒，冬季保墒，一般是在降雨末期蓄水量最多，在干旱多风的早春季节失水量最大。劳动人民创造了许多蓄墒耕作方法。如风沙旱地的砂田、黄土高原的梯田、平原旱地的条田等，都是截留降雨的好方法，能接纳除暴雨外全部的降雨，使土壤含水量要高出8~10倍。采取耕耙保墒的措施：一是深耕存墒，秋季深耕比浅耕0~30厘米耕层土壤含水量多50%。深耕还能促进玉米根系发育并向深层伸长，扩大吸收水肥范围；二是耙地保墒，使土壤平整细碎，形成疏松的覆盖层，弥合孔隙，切断毛管、减少蒸发。据测定，深耕后进行耙地可使耕层水分提高10%~28%；三是中耕蓄墒，在玉米生长发育过程中，锄地松土，切断毛管，抑制水分上升，减少蒸发。

2. 培肥土壤，调节地中墒

旱作玉米区的耕地环境特点是贫水，实质也是缺肥。增施肥料，培肥地力，改善土壤结构，可以以肥调水，使根系利用土壤深层贮水。培肥地力，一是增加秸秆还田，增加土壤中的有机物质；二是施用厩肥，增加土壤有机质含量，在耕层形成团粒结构，使土壤的孔隙度和酸碱度达到适宜的水平，促进有益微生物活动，增强土壤蓄水保墒能力；三是种植苜蓿或豆科绿肥作物，实行生物养田。

3. 采用综合技术巧用土壤水

（1）选用耐旱品种

种植与环境条件相适应的品种类型要比不适应的品种类型好。例如，在旱薄地选用扎根深、叶片窄、角质层厚、前期发育慢、后期发育快的稳产品种，而在墒情较好的肥地，种植根系发达、茎秆粗壮、叶片短宽的中大穗品种，则能表现出更好的适应性，并达到增产的目的。但是，抗旱品种并不等于就是对灌溉有良好反应的品种。要根据土壤墒情，气候变化，因地制宜，灵活搭配。有些非抗旱品种在干旱年份可能会取得高产，也可能在灌溉条件下达到很高的产量。显然，无论是在旱地，还是在水浇地，都应该做品种的筛选工作，以作为在同样条件下选用品种的依据。

（2）播前种子锻炼

采用干湿循环法处理种子，提高抗旱能力。方法是将玉米种子置于水桶中，在20~25℃温度条件下浸泡两昼夜，捞出后在25~30℃温度下晾干后播种。有条件的地方可以重复处理2~3次；经过处理的种子，根系生长快，幼苗矮健，叶片增宽，含水分较多，一般可增产10%。

（3）选择适宜播期

躲避干旱，迎雨种植。玉米幼苗期比较耐旱，进入拔节期以后需要较多的水分。旱作地区降雨比较集中，结合当地降雨特点，把幼苗期安排在雨季来临之前，在幼苗忍受干旱锻炼之后，遇雨立即苗壮生长。

（4）以化学制剂改善作物或土壤状况

化学调控可以抑制土壤蒸发和叶面蒸腾。保水抗旱制剂在旱作玉米上应用的有两类。一类是叶片蒸腾抑制剂，其可在叶片上形成无色透明薄膜，抑制叶片蒸腾，减少水分散失。在干旱季节给玉米喷洒十六烷醇溶液，叶片气孔形成单分子膜可使玉米耗水量减少30%以上。喷洒醋酸苯汞溶液，调节叶片气孔开合，预防叶片因过多失水而凋萎。另一类是土壤保水剂，主要作用于土表，阻止土壤毛管水上升，抑制蒸发，起到保墒增温的效果。这类物质多是高分子聚合物或低分子脂肪醇、脂肪酸等，在土壤表面形成薄膜、泡沫或粉状物，抑制水分蒸发。中国农业科学院在10多个省（区市）推广的土壤保水剂，结合给玉米拌种、沟施、穴施等方法施用，有明显的增温保墒效果，且种子发芽快、出苗齐、生长健壮，达到增产增收的目的。还可以推广"FA旱地龙"等植物抗旱剂，其主要成分是天然低分子黄腐酸，且含有植物所需要的氨基酸等多种营养物质。能有效降低植物叶片气孔开放度，减少奢侈蒸腾，同时提高作物体内多种酶的活性，促进植物生长发育，节水增产效果显著。

4. 秸秆覆盖栽培

将麦秸或玉米秸铺在地表，保墒蓄水，是旱地玉米一项省工、节水、肥田、高产的有效途径。秋耕整地后和玉米拔节后在地表面和行间铺 500~1000 千克铡碎的秸秆，也有采用旱地玉米免耕整株秸秆半覆盖或旱地玉米免耕复合覆盖法。覆盖后土壤有机质、全氮含量、水解氮、速效磷和速效钾均比传统耕作的土壤增加，而土壤容重普遍下降。这是由于秸秆翻入土壤，经高温腐熟成肥，增加了土壤有机质，促进了土壤团粒结构的形成。有利于玉米增产。覆盖秸秆不仅可以提高玉米产量，还可以提高水分利用率。由于秸秆的阻隔作用，避免了阳光对土表的直接烤晒，地表温度降低，水分蒸发减少。

四、玉米的涝害与排水

（一）玉米涝害的影响

涝害分为多种，常见的有积涝、洪涝和沥涝。积涝由暴雨所致，因降雨量过大，地势低洼，积水难以下排，会造成作物长时间泡在积水中；洪涝是由山洪暴发引起，常见于山区平地；沥涝是由于长时间阴雨，造成地下水位过高，积水不能及时排掉，群众把这种情况叫作"窝汤"。

玉米是需水量较多而又不耐涝的作物。土壤湿度超过持水量 80% 以上时，玉米就发育不良，尤其是在玉米幼苗期间，表现更为明显。水分过多会造成土壤空隙水饱和，形成缺氧环境，导致根呼吸困难，使水分和营养物质吸收受到阻碍。同时，在缺氧条件下，会产生一些有毒的还原物质，如硫化氢、氨等直接毒害根部，促使玉米根的死亡。所以在玉米生育后期，如遇高温多雨的条件，根部常因缺氧而窒息坏死，造成生活力迅速衰退，甚至植株全株死亡，严重影响了产量。玉米种子萌发后，涝害发生得越早，受害越严重，淹水时间越长受害越重。玉米在苗期淹水 3 天，当淹到株高一半时，单株干重降低5%~8%，只露出叶尖时单株干重降低 26%，将植株全部淹没 3 天，植株会死亡。在发生涝害的同时，由于天气阴雨，光照不足，温度下降，湿度增大，常会加重草荒和病虫害蔓延。

（二）玉米防涝措施

1. 正确选地

尽量选择地势高的地块种植。地势低洼、土质黏重和地下水位偏高的地块容易积水成涝，多雨地区应避免在这类地块种植玉米。

2. 排水防涝

修建田间"三级排水渠系"，是促进地面径流、减少雨水渗透的有效措施。所谓"三级排水渠系"，是指将玉米田中开出的三种沟渠联成一体。这三种沟渠分别是玉米行间垄沟、玉米行间垂直的主排渠（腰沟）以及每隔25米左右与行间平行的田间排水沟。沟深一级比一级增加，使田间积水迅速排出。

南方地区可采用畦作排水的方法，种玉米时，在地势高、排水良好的地上采用宽垄浅沟，沟深33厘米左右，每畦种玉米4~6行。在地势低、地下水位高、土壤排水性差的低洼地，则采用窄畦深沟，沟深50~70厘米，每畦种玉米2~4行。为了便于排出田间积水，要求做到畦沟直、排水沟渠畅通无阻，雨来随流、雨停水泄。华北地区采用的方法是起垄排涝，也就是把平地整成垄台和垄沟两部分，玉米种在垄背上。这样散墒快，下雨时积水可以迅速顺垄沟排出田外，从而保证根系始终有较好的通气条件。对一些低洼盐碱地，为了防涝和洗盐，常将土地修成宽度不等的台田。台田面一般比平地高出17~20厘米，四周挖成深50~70厘米、宽1米左右的排水沟。有的地区还把土地修成宽幅的高低畦，高畦上种玉米，低洼里种水稻，各得其所。

3. 修筑堰下沟

在丘陵地区，由于土层下部岩石"托水"，加上土层较薄，蓄水量少，即使在雨量不很大的情况下，也会造成重力水的滞蓄。重力水受岩石层的顶托不能下渗，便形成小股潜流，由高处往低处流动，群众把它称为"渗山水"。丘陵地上开辟的梯田因土层厚薄不匀，上层梯田渗漏下来的"渗山水"往往使下层梯田受到涝害，出现半边涝的现象。堰下沟就是在受半边涝的梯田里挖一条明沟，深度低于活土层17~33厘米，宽60~80厘米，承受和排泄上层梯田下渗的水流，并能排除地表径流。这种方法是解决山区梯田涝害的有效措施。

4. 选用抗涝品种

不同的玉米品种在抗涝方面有明显的差异。抗涝品种一般根系具有较发达的气腔，在受涝条件下可以保持叶色较好，枯黄叶较少。如北京地区的"京早7号"和"京杂6号"就比其他杂交品种抗涝。各地可在当地推广的玉米杂交品种中，选一批比较耐涝的品种使用。

5. 增施氮肥

"旱来水收，涝来肥收"，这是农民在长期的生产实践中总结出来的经验。

受涝甚至泡过水的玉米不一定死亡，但多数表现为叶黄秆红，迟迟不发苗。在这种情况下，除及时排水和中耕外，还要增施速效氮肥，以改善植株的氮素营养，使玉米恢复生长，减轻涝害所造成的损失。

6. 采取措施促进早熟

一般玉米遭受涝害，生育期往往推迟，贪青晚熟，如果霜冻来得早就会影响产量。为了避免损失，可采取一系列常规方法促进早熟，隔行、隔株去雄、打底叶，这叫作放秋垄。也可以在玉米灌浆后，适当喷促熟剂，能减轻由于涝害带来的损失。

第六章　怎样做好玉米播种与田间管理

一、玉米播种与田间管理上的误区

（一）播种越早越好

有些农民误认为玉米播种越早越好，但过早播种会造成出苗不好。玉米种子一般在温度为 6~7℃时即可发芽，但发芽极为缓慢。播种过早，早春气温变化剧烈，种子萌发后容易受冻害而丧失生活力，降低成苗率。另外，播种过早导致玉米种子发芽时间较长，容易受到土壤中有害微生物的侵染而霉烂，引起烂种缺苗。这种情况在发芽势较弱的品种种子上表现尤为突出。玉米的适宜播种期因各地的气候不同，时间也不完全相同，需要认真掌握。通常以土壤表层 5~10 厘米深度温度稳定在 10~12℃以上时为播种适期。

（二）烧掉麦茬种"卫生田"

有农民认为夏玉米播种前，焚烧麦茬后形成的草木灰，可以使土地肥力增加，并提高粮食产量。但实际上焚烧麦茬破坏土壤表皮，影响土壤结构，不利于玉米生长。有关试验表明，麦茬焚烧后播种的玉米苗情，根本不如硬茬播种后的效果。而且硬茬播种后，根本不用再锄掉秸秆麦茬，玉米照样长势良好。焚烧麦茬有害无利，要改变焚烧麦茬习惯，不烧麦茬，硬茬播种，是对耕作传统习惯的一种彻底改变。应当积极推广硬茬播种、机械压实打捆等技术，提高秸秆综合利用程度，从根本上消除焚烧秸秆现象，并使麦草秸秆真正转化为群众的经济效益。

（三）播种过深，种肥施用不当

有些农户因播种过深造成幼苗不能出土或出土无力。玉米播种的深度要适宜，一般以 3~4 厘米最好，深了浅了都不利。如果播种过深，土壤表层下部温度偏低、氧气少，玉米出苗慢，在出苗过程中消耗种子中的养分多，幼苗细弱，根系不发达，容易形成弱苗。播种过浅，土壤表层水分不足，温度变化剧烈，种子容易落干，影响出苗，而且还会引起倒伏和早衰。玉米适宜的播种深度要根据各地不同的气候、土壤、墒情和品种特性决定。

播种时种肥施用上存在两方面的问题，一是施用量过大。二是种肥与种子不隔离，引起种子在萌发过程中出现烧芽、烧根现象，降低了种子的出苗率。这种影响在不同品种间的表现也有所不同，发芽势强的品种影响较小，发芽势弱的品种影响较大。播种愈早，种子与肥料接触时间愈长，肥害愈严重。

（四）除草剂使用的误区

每年都会有农户因除草剂的原因造成玉米减产。根本原因是农民对除草剂不了解，没有掌握相关知识。其中常见的问题：一是不知道玉米除草剂的类别和使用时期，乱喷乱用；二是图省工把除草剂与有机磷农药和微肥混用；三是不按说明用量，随意增加药量；四是贪图便宜买淘汰类型的除草剂。

（五）抽穗后不追肥、不中耕

有些地区农民存在"立秋之后挂锄钩，消消闲闲等秋收"的做法。但玉米抽穗后，有不少地块由于基肥施用不足或质量不高，追肥又已耗尽，土壤中的营养满足不了玉米的生长需要，这就急需酌施一些速效性的氮、磷肥，以防早衰，并促进灌浆和籽粒饱满，提高千粒重。这次"攻籽肥"要早施、穴施、适量施，同时要浅锄、勤锄，经常保持活地皮，有利于延长玉米根系和叶片功能期，提高粒重。

（六）玉米去梢，站秆扒皮过早，收获偏早

有些农户在玉米定浆后，将玉米穗上部梢用刀去掉，认为这样可以增产早熟。实际上这样做会降低玉米的百粒重，减少产量。

生产上也有部分农户在玉米成熟期扒皮晾晒，好处是加快脱水，提早成熟，躲过霜期，改善品质。但扒皮晾晒的时间性很强，一般在蜡熟中后期，既不能过早，也不能过晚。扒皮晾晒过早，影响玉米灌浆，降低产量，同时玉米穗扒皮后风吹日晒，特别是遇到阴雨连绵的天气，玉米穗会发生霉变。

农民在采收玉米时，普遍存在着收获偏早的现象，一般都是在授粉后40天左右，苞叶发黄时就进行收获，此时灌浆尚未结束，严重影响产量。早收，籽粒还未长饱满，得不到预期的产量，脱水不好，不利于贮藏。玉米要做到适时晚收，使茎秆中残留的养分继续向籽粒中输送，充分发挥后熟作用，能增加产量，提高质量，改善品质。一般在完熟期进行收获，其特征是植株叶片变黄，苞叶呈黄白色而松散，籽粒变硬，并呈现出本品种所固有的粒型和色泽。植株正常成熟，蜡熟末期至完熟期的粒重最高，蜡熟初期至中期已不再灌浆。

因此，一般年份在完熟期收获可以得到最高产量。

二、怎样提高玉米播种质量

（一）整地施肥造墒

1. 春玉米整地

应于秋季尽早深耕，施足有机肥，以熟化土壤，积蓄底墒，春季再耕地，要翻、耙、压等作业环节紧密配合，注意保墒。

2. 夏玉米整地

利用前茬作物播前深耕、施足有机肥的后效应，麦收前造墒，麦收后及早灭茬，抢种夏玉米。在前茬收获早、土壤墒情足或有造墒条件的情况下，可前茬收获后早深耕，后整地播种；在前茬收获较晚时，则应先局部整地，在播种行开沟、施肥、平整、抢种，出苗后行间再深耕。套种玉米在早春破埂埋肥，浇麦黄水造墒播种，前茬作物收获后，再灭茬、深刨、整地。总之，三夏期间，时间紧农活多，气温高墒情差。直播和套种田的整地、施肥造墒、播种既要抓紧，又应灵活掌握。同时不宜深耕细整，因为一则延误农时，加速跑墒，影响一播全苗；二则如苗期遇大雨，加重涝害以致不能及时管理，造成苗荒和草荒。

（二）选用良种，做好种子处理

1. 选用良种

利用优良品种增产是农业生产中最经济、最有效的方法。当前，生产上推广的多是单交种，以生育期长短分中晚熟和中早熟两类。优良杂交种的布局，要注意早、中、晚熟搭配，高、中、低产田选配得当。一般确定1个当家品种，1~2个搭配品种。并引进、试种1~2个接班品种。这样便于因种管理，良种良法配套，避免品种"多、乱、杂"，充分发挥良种的增产潜力。

2. 种子精选

种子精选包括穗选和粒选。穗选即在场上晾晒果穗时，剔除混杂、成熟不好、病虫、霉烂果穗后，晒干脱粒做种用。粒选即播前筛去小、秕粒，清除霉、破、虫粒及杂物，使之大小均匀饱满，便于机播，利于苗全、苗齐。

3. 种子处理

玉米种子处理包括晒种、浸种、药剂拌种或种子包衣。晒种选晴天晒2~3天，利于提高发芽率，提早出苗，减轻丝黑穗病。浸种可促进种子发芽整齐，出苗快，苗子齐。冷水浸种 12~24 小时；50℃（2 开 1 凉）温水浸泡 6~12 小时；用 30% 或 50% 的发酵尿液分别浸泡 6~8 小时；磷酸二氢钾 500 倍液浸泡 8~12 小时。以上几种方法均可达到同样的效果。浸种应注意：饱满的硬粒型种子时间可长些，秕粒、马齿型种子时间宜短；浸过的种子勿晒、勿堆放、勿装塑料袋；晾干后方可药剂拌种；天旱、地干、墒情不足时，不宜浸种；浸过的种子要及时播种。浸后晾干的种子可用 0.5% 硫酸铜或用种子量 1% 的 20% 萎锈灵拌种，防治黑粉病和丝黑穗病，也可用辛硫磷等进行拌种、种子包衣，防治地下害虫。

（三）适时播种，提高播种质量

1. 适时播种

玉米播种有"春争日，夏争时""夏播争早，越早越好"之说，春播在 4 月中下旬。套种玉米在 5 月中下旬到 6 月初。夏直播适期在 6 月中下旬，越早越好。在选择了优良的品种和种子之后，适期播种可以获得较高产量和效益。一般认为，当土壤温度至少有 5~10 天的时间已达到 10~12℃时，可以播种。干旱可导致发芽出苗不整齐，严重时出现芽干毁种。若土壤水分含量过高，土壤通气性较差，土壤温度回升较缓，也不利于出苗。播种时理想的土壤水分含量为 70%~75%。在土壤墒情较差，播种期间干旱时间较长的年份和地区，需进行灌溉或坐水种。此外，还可调整播期，使玉米在生长发育的关键时期，如抽雄前 15 天至抽雄后的 15 天内避开季节性的干旱。中早熟品种适播期较长，可根据气候、土壤以及综合生产形势选择播种期。光温敏感性较差的品种如中单 9409，在南方和北方种植生育期变动不大。光温敏感的品种如掖单 13，在不同地区种植生育期有较大变化。

2. 提高播种质量

（1）掌握合适的播种量

玉米播种量应根据不同品种的生育期、株型及规格密度、种子的大小、发芽率的高低、整地的好坏、播种方式等而定。玉米播种方法有条播和穴播两种。条播每公顷用种 60 千克左右；穴播每公顷用种 22.5~37.5 千克，一般每穴播 3~4 粒；如采用精量等距单粒播种，每公顷用种 6.5 万 ~7.5 万粒。

（2）播种深度

玉米播种技术要求播种深度适宜，每粒种下播深浅一致，覆土薄厚均匀严密，播后适时镇压。在比较干旱、土墒不足时，应利用抗旱播种技术。适宜的播种深度一般在4~6厘米。播种过深出苗难，苗子弱；过浅易落干，造成缺苗断垄。杂交种比地方种胚芽鞘软，播种应浅些。黏土、土湿、地势低，播种应浅些，反之，沙土、干土、地势高，播种应深些。盖种覆土深度一般为3~5厘米。

（3）玉米施用的基肥要腐熟

用化肥作基肥或种肥应距离种子5~6厘米，以免烧芽。如果化肥与农家肥混合施用则要求先混合堆沤1个月以上，为安全起见，不宜用混有化肥的农家肥盖种。

（4）提高玉米机械化播种质量

玉米播种分为春玉米的直播、夏玉米的麦田套播、麦收后直播三种形式，适用于套播和直播两种机械化技术。麦行间套种玉米，一般采用开沟点播或人工刨穴点播，也可以用一种人畜力小型机具——套种耧进行套播。

以夏玉米为例，玉米直播可在麦收前浇足"麦黄水"，麦收后整地抢墒播种。来不及整地，可在麦收后贴茬直播，玉米出苗后再进行中耕灭茬，机械化播种可以很好地满足播种质量方面的要求。麦收后的贴茬直播玉米具有很多优点，不仅可以抢墒抢时及时播种，还可以省工、省时，麦收后利用机械一次进地就可完成播种作业，并实现麦秸还田覆盖，减少土壤水分蒸发，增加土壤有机质，提高土壤肥力，促进玉米高产。

随着玉米播种机的推广，玉米种植行距的调节和控制有了保障，减少了人工点播所造成的行距大小不一的随意性。玉米行距的调节不仅要考虑当地种植规格和管理需要，还要考虑玉米联合收割机的行距适应要求，如一般的背负式玉米联合收割机所要求的种植行距为55~75厘米。

三、提高玉米田间管理水平

（一）玉米苗期田间管理

玉米苗期管理十分重要，尤其在大面积种植高产晚熟品种的情况下，更应该加强玉米苗期的田间管理，从而获得大面积丰收。

1. 查田补种，移苗补栽

由于玉米种子质量和土壤墒情等方面的原因，会造成已播种的玉米出现不同程度缺苗断条，这将严重影响玉米产量和品质。所以，出苗后要经常到田间查苗，发现缺苗应及时进行补种或移栽。如缺苗较多，可用浸种催芽的种子坐水补种。如缺苗较少，则可移苗栽。移栽要在阴雨天或晴天下午进行，最好带土移栽。栽后要及时浇水，缩短缓苗时间，保证成活，达到苗全。

2．适时间苗、定苗

早间苗、匀留苗，适时合理定苗是实现合理密植的关键措施。间苗宜早，应选择在幼苗将要扎根之前，一般在幼苗 3~4 片叶进行。间苗原则是去弱苗、去病苗、留壮苗，去杂苗、留齐苗和颜色一致的苗。如间苗过晚，植株过分拥挤，互争水分和养分，会使初生根系生长不良，从而影响地上部的生长。当幼苗长到 4~5 片叶时，按品种、地力不同适当定苗。如地下害虫发生严重的地方和地块，要适当延迟定苗时间，但最迟不宜超过 6 片叶时。间苗、定苗时一定要注意连根拔掉，避免长出二茬苗。间苗、定苗可结合铲地进行。

3．中耕除草

中耕除草可以疏松土壤，提高地温，加速有机质的分解，增加有效养分，有利于防旱保墒和清除田间杂草等。一般应进行三次，第一次在定苗之前，幼苗 4~5 片叶时进行，深度 3~4.5 厘米；第二次在定苗后，幼苗 30 厘米高时；第三次在拔节前进行，深 9~12 厘米。铲地要净，特别要铲尽"护脖草"。蹚地要注意深度和培土量，头遍地要拿住犁底，达到最深。为了既蹚深，又不压苗、伤苗，可用小犁，应遵循"头遍地不培土，二遍地少培土，三遍地拿起大垄"的原则。

玉米田化学除草应注意选择合适的除草剂、掌握最佳施药时期、严格按照安全有效剂量用药和采用正确的施药方法，这是确保化学除草防效和保证玉米安全的关键。玉米化学除草可分为三个时期，每个时期使用的除草剂种类不同，不得乱用。

（1）苗前除草

在玉米播种后出苗前进行除草剂土壤处理，俗称封地。喷药前一般要求地块的土壤湿度保持较高水平，最好在雨后或浇地后喷施，如土壤干旱或长出小草以后则不能采用。除草剂常选用乙草胺乳油（土壤处理剂）、乙阿合剂、玉米宝（土壤处理和茎叶处理兼用）等。每公顷用 50% 乙草胺乳油 2250~3000 毫升，兑水 450~600 升喷施，对玉米田杂草有较好的防效。

（2）苗后早期（玉米 1~4 叶期）除草

每公顷可选用 23% 烟嘧·莠去津 1500~1800 毫升或 38% 莠去津悬浮剂 1500 毫升 +4% 烟嘧磺隆悬浮剂 1500 毫升。

（3）玉米生长中期除草

每公顷可以用10%草甘膦水剂3000~4500毫升在无风条件下定向喷施。

4. 蹲苗促壮

这种方法能使玉米根系向纵深生长，扩大根系吸水吸肥范围，并使幼苗敦实粗壮，增强后期抗旱和抗倒伏的能力，为丰产打下良好基础。蹲苗时间一般从出苗后开始至拔节前结束。当玉米长出4~5片叶时，结合定苗把周围的土扒开3厘米左右，使地下茎外露，晒根7~15天，晒后结合追肥封土，这样可提高地温1℃左右。扒土晒根时，注意不要伤根。一般苗壮、地力肥或墒情好的地块要蹲苗；苗弱、地力薄或墒情差的地块不用蹲苗。

5. 适量追肥

春玉米由于基肥充足，一般不施苗肥。麦垄套种和贴茬抢种的早播夏玉米则因免耕播种，多数不施基肥，主要靠追肥。麦收后施足基肥整地播种的夏玉米，视苗情少施或不施苗肥。苗肥应将所需的磷肥、钾肥一次施入，施入时间宜早。对基肥不足的情况应及时追肥以满足玉米苗期生长的需要，做到以肥调水，为后期高产打下基础。如苗期出现"花白苗"，可用0.2%硫酸锌叶面喷洒，也可在根部追施硫酸锌，每株施0.5克，每公顷地块施15~22.5千克。如苗期叶片发黄，生长缓慢，矮瘦，淡黄绿色，则是缺氮的症状，可用0.2%~0.3%尿素叶面喷施。

6. 防治地下害虫

苗期对玉米危害严重的地下害虫有蝼蛄、蛴螬、地老虎、金针虫等，一旦发生，要对症施药，及时消灭。防治方法：一是浇灌药液，每公顷用50%辛硫磷乳油7.5千克，兑水11250千克顺垄浇灌。二是撒毒谷，用15千克谷子及谷秕子炒熟后拌5%甲萘威粉剂3千克，于傍晚撒在田间，每公顷撒15~30千克。

（二）玉米中期田间管理

要提高玉米单产，除选用优良品种、适时播种和加强苗期田间管理外，尤其要加强玉米生产中期的田间管理，以减少空秆和秃穗，达到高产的目的。

1. 轻施拔节肥

在玉米生长到6~8叶时正是拔节期，是需肥高峰期，应根据苗情结合二遍铲镗，进行追肥。每公顷追150千克硝酸铵，或120千克尿素，同时根外追施硫酸锌15千克，可减少秃尖。

2．重施穗肥

玉米穗肥就是玉米在抽穗前 10 天，接近大喇叭口期的追肥。此期玉米营养生长和生殖生长速度最快，幼穗分化进入雌穗小花分化盛期，是决定果穗大小、籽粒多少的关键时期，也是玉米一生中需肥量最多的阶段，一般需肥量应占追肥总量的 50%~60%，故称玉米的需肥临界期。尤其对中低产地块和后期脱肥的地块，更要猛攻穗肥，加大追肥量，每公顷施碳酸氢铵 375~450 千克。同时，可根据长势适时补充适量的微肥，一般用 0.2% 硫酸锌进行全株喷施，每隔 5~7 天喷 1 次，连喷 2 次。抽穗后，每公顷还可用磷酸二氢钾 2.25 千克，兑水 750 千克，均匀地喷到玉米植株中、上部的绿色叶片上，一般喷 1~2 次即可。

3．防病治虫

对患有黑粉病的植株，要趁黑粉还未散发之前，及时拔除，深埋或烧毁，以免翌年重茬而染上此病。同时，玉米进入心叶末期即大喇叭口期，正是防治玉米螟的最佳时期，因为这时玉米螟全部集中在叶丛中进行危害，为用药消灭提供了条件。防治方法：一是用菊酯类农药兑水稀释为 1000 倍液，摘掉喷雾器的喷头，将药液喷入心叶丛中。二是用 50% 辛硫磷乳剂 500 倍液，喷灌于心叶丛中。三是将克百威拌入细土中，制成毒土，将毒土撒入心叶丛的喇叭口中。

4．抗旱排渍

玉米生长中期，久旱久雨都不利。如遇天旱，应坚持早、晚浇水抗旱，中耕松土，保证玉米有充足的水分；若是多雨天气，则要疏通排水沟，及时排除渍水，以利生长发育。

（三）玉米后期田间管理

1．及早补肥

生产实践证明，玉米吐丝后，土壤肥力不足，会造成下部叶片发黄，脱肥比较明显，可追施氮肥总追肥量 10% 的速效氮。也可以用 0.4%~0.5% 磷酸二氢钾进行喷施，补施攻粒肥，使根系活力旺盛，植株健壮不倒，防止叶片早衰。

2．拔掉空秆和小株

在玉米田内，部分植株因授不上粉等因素，形成不结穗的空秆，有些低矮的小玉米株不但白白地吸收水分和消耗养分，而且与正常植株争光照，影响光合作用。因此，要把不结穗的植株和小株拔掉，从而把养分和水分集中供给正常的植株。

3. 除掉无效果穗

一株玉米可以长出几个果穗，但成熟的只有1个，最多不超过2个。对确已不能成穗和不能正常成熟的小穗，应因地因苗进行疏穗，去掉无效果穗、小穗和瞎果穗，减少水分和养分消耗，使这部分养分和水分可集中供应大果穗和发育健壮的果穗，促进果穗穗大、不秃尖，并提高百粒重。还可增强通风透光，有利于早熟。

4. 人工辅助授粉

可二人拉绳于盛花期晴天10：00~12:00花粉量最多时辅助授粉，一般进行2~3次就可提高结实率，增产8%~10%。人工辅助授粉，能使玉米不秃尖、不缺粒，果穗大、籽粒饱满，早熟增产。

5. 隔行去雄和全田去雄

据试验，玉米隔行去雄是一项促早熟、夺高产的措施。在玉米雄花刚露出心叶时，每隔一行，拔出一行的雄穗，让其他植株的花粉落到拔掉雄穗玉米植株的花丝上，使其受粉。在玉米授粉完毕、雄穗枯萎时，及时将全田所有的雄穗全部拔除。这是因为去雄可降低株高防止倒伏，增加田间光照强度，减少水养分损耗，达到增加粒重和产量的目的。

6. 放秋垄、拿大草

放秋垄可以活化疏松土壤，消灭杂草。放秋垄、拿大草在玉米灌浆后期进行，浅锄，以不伤根为原则，有利于通风透光，提高地温，促进早熟，增加产量。

7. 打掉底叶

玉米生育后期，底部叶片老化、枯死，已失去功能作用，要及时打掉，增加田间通风透光，减少养分消耗，减轻病害侵染。

8. 站秆扒皮晾晒

站秆扒皮晾晒可促玉米提早成熟5~7天，降低玉米水分14%~17%，增加产量5%~7%，同时，还能提高质量，改善品质。扒皮晾晒的时间很关键，一般在蜡熟中后期，即籽粒有一层硬盖时进行。过早过晚都不利，过早影响灌浆，降低产量，过晚失去意义。方法比较简单，就是扒开玉米苞叶，使籽粒全部露在外面，但注意不要折断穗柄，否则影响产量。

9. 适时晚收

适当晚收，一般玉米植株不冻死不收获，这样可以充分发挥玉米的后熟作用，可使其充分成熟，脱水好，增加产量，改善品质。

第七章　怎样搞好玉米病虫草害的防治

一、病虫草害防治上的误区

（一）农药选用有误区

选择农药时只认农药商品名的名声大小，不了解其性能特点。由于农药经过一个阶段的使用以后，因病虫抗药性程度不断提高，药效下降，人们急切盼望新的农药出现，尤其片面追求名声奇特的品种。为此，一些企业出于市场竞争考虑，在农药商品名称上大做文章，取一些与农药不相干的名称，这些模糊不清的农药名称给人们选用农药和合理使用带来了更大困难。

（二）片面追求速效性

多数使用者要求药剂的速效性要高，对药效迟缓的药剂难以接受。但农药使用后，发挥药效要有一个过程，一般菊酯类杀虫剂药效发挥较快，特异性杀虫剂药效发挥较为迟缓。因此，菊酯类和含菊酯的混合剂受到欢迎，甚至滥用，使害虫病毒产生抗药性。在害虫和病害的防治中，应以田间调查为指导，视田间情况决定是否需要防治。一般害虫在低龄幼虫阶段对农药较敏感，幼虫3龄以后就难以防治。植物的病害也是在初发生时防治效果好。往往在生产中人们难以抓住这一最佳防治时机，在病虫害达到危害严重时用农药来急救，属被动用药。

（三）施药方法不当

有人在使用中发现单一使用某种药剂防效不理想，就不加选择地将数种药剂盲目混合使用，甚至将几种混合剂进行混用，结果不仅没有达到提高药效的目的，反而药效更不理想，或对作物造成严重药害，或贻误防治时机。

农业病虫害的防治强调对症施药、方法得当。应针对病虫发生危害部位和药剂本身的特性选择适当的方法。使用玉米田苗前除草剂，往往因用水量不足，药剂难以在土壤表面上形成药膜，使药效降低；防治蚜虫，应针对叶背面喷药，只在表面上喷洒不能控制其为害；喷洒辛硫磷等易光解的药剂宜在傍晚进行。

二、玉米病虫害趋重的原因及防治对策

近年来，随着农业生产水平的提高、品种的更换及耕作制度的改变，玉米病害的发生和危害呈加重趋势，发生严重的有玉米大斑病、小斑病、青枯病、褐斑病、纹枯病等，苗枯病、粗缩病、锈病在局部地区也发生较重，对玉米生产造成了很大影响。

（一）玉米病虫害加重的原因

1. 玉米种植面积较大

单一的连片连年种植玉米，有利于病虫源的积累，特别是玉米秸秆不经过处理直接还田，使土壤带菌量增大。

2. 气候条件适宜

全球气候变暖，冬季气温偏高，给传毒昆虫创造了良好的适生环境。

3. 品种抗病性差

如有的品种易感粗缩病、叶斑病，有利于病原菌侵染。种子收获期淋雨或贮存期湿度大，种子带菌量大，播种时不进行药剂处理，均有利于苗期病害的发生。

4. 施肥比例失调

生产上偏施氮肥，而磷肥、钾肥和有机肥用量少，植株生长过旺，抗逆性差。

5. 防病意识淡薄

由于玉米生长中后期气温偏高，植株高大，施药不方便，加之农民对防病的认识不足，使防治较晚或根本不进行防治，致使病害严重发生。

（二）防治对策

1. 选择和推广抗病品种

尽量选择抗病性较强的品种。各地应根据当地病害发生规律因地制宜选种，利用现代技术培育多抗性品种，以保证玉米高产、稳产。

2. 种子处理

用多菌灵、戊唑醇、三唑酮、玉米种衣剂等对种子进行包衣，杀灭种子携带的病原菌，预防苗期病害。

3. 轮作间作

优化种植结构，与非禾本科作物轮作，减少病原菌积累。与大豆或其他作物间作，有利于发挥天敌的控害作用。

4. 加强田间管理

精耕细作，科学施肥，多施腐熟的农家肥，增施磷、钾肥和微肥。合理密植，结合间苗、定苗拔掉病株以减少毒菌源，创造有利于玉米生长、而不利于病害发生的环境。及时中耕排涝，并彻底清除包括地头、路边、沟渠等地块的杂草，减少害虫、病原的介体和越冬寄生。

5. 清洁田间

及时摘除底部病叶、老叶以减少毒源和降低田间湿度，收获后将病残体带出田外销毁，并深翻土壤，消灭菌源，减轻发病。

6. 科学用药

加强技术指导。制定主要病害的防治指标，做好预测预报，及时指导农民开展防治。及时化学除草，改善通风条件，增强抗逆能力。

（三）正确用药应该注意的问题

农药是一种技术含量高、使用上针对性强的农业生产资料。科学使用农药，能有效控制农作物病虫害，保证农业丰收。但是，使用不当，也会带来农产品中的农药残留、环境污染、生态平衡的破坏、作物药害和造成使用者中毒等副作用。

1. 对症选药是关键

我国现生产的农药品种很多，分为杀虫剂、杀螨剂、杀菌剂、杀线虫剂、除草剂、植物生长调节剂和杀鼠剂等。化学合成的农药原药（品种）须加工成一定的剂型，形成不同规格的制剂或混合制剂才是市场销售的商品农药。加之，为补充国内市场、改善品种结构，国家批准进口了一些农药新品种。因此，在农药市场上就显得品种多，令人眼花缭乱，使用者难以选择。农药是一种农业毒剂，对不同的生物体有其选择性，如杀虫剂按其作用方式可分为触杀剂、胃毒剂、内吸剂和熏蒸剂；除草剂分为茎叶处理剂和土壤处理剂。同为杀虫剂，对各种害虫也不是万能的，每种药剂都有各自的防治范围。一个药剂的防效高低，也是有阶段性的，新的药剂刚投入使用时，往往效果较好，随着大量使用，害虫等有害生物的抗药性逐步提高，防效就会随之下降，因此在防治某一害虫时，同一药剂首次用药和后期用药药效反应不同。

2. 仔细阅读农药说明书

农药属于知情消费的技术性产品，需要严格按照说明书或瓶签上的使用说明使用。也就是说，人们应对所选农药的性能特点有了全面了解后，才可使用。盲目使用不仅达不到有效控制病虫害的目的，反而会对植物造成药害、对产品和环境造成污染以及其他副作用。

应根据瓶签和说明书上的内容，明确防治对象、用量和使用方法。药剂的防治对象要按在农业农村部农药检定所登记的范围标明，用量和使用方法应具体，且不能随意变化。

3. 科学评价防治效果

杀虫剂和杀螨剂的药效按表现的时间不同可分为速效性和迟效性两类，尤其昆虫生长调节剂类，药效发挥迟缓；杀菌剂的药效按防治原理可分为内吸治疗剂和保护剂两种，保护剂是以预防为目的，治疗剂可在发病后进行针对性治疗；除草剂的药效按用药时间不同分为苗前处理和茎叶处理两种。为此，在评价药效时应根据各自的特点，选择不同的评价指标。

三、玉米主要病害防治措施

（一）玉米大、小斑病

玉米大斑病和小斑病主要为害叶片，有时也侵染叶鞘和苞叶，小斑病除为害上述部位外，还可为害果穗。许多地区常将这两种病统称为"玉米斑病"。

1. 症状识别

玉米大斑病的典型症状是由小的病斑迅速扩展成为长棱形大斑，严重时单斑可长达 10~30 厘米，有时几个病斑连在一起，形成不规则形大斑。病斑最初呈水渍状，很快变为青灰色，最后变为褐色枯死斑。空气潮湿时，病斑上可长出黑色霉状物，即病菌的分生孢子梗及分生孢子。

玉米小斑病的症状特点是病斑小，一般单个病斑长不超过 1 厘米，宽只限在两个叶脉之间，近椭圆形，病斑边缘色泽较深，为赤褐色。此外，病斑的数量一般比较多。玉米大斑病和小斑病的病菌都以分生孢子附着于病株残体上越冬，或以菌丝体潜伏于病残组织中越冬，第二年孢子萌发引起初次侵染，感病后的植株产生大量分生孢子，借风雨传播，引起再次侵染。

2. 影响发病的因素

病菌孢子的萌发、侵入及孢子的形成和传播，都需要一定的气候条件，其中温、湿度是主要的气候因素。大斑病病菌孢子形成、萌发和侵入的适温是20~25℃，小斑病菌的适温稍高于大斑病菌，为20~32℃。因此，小斑病在夏玉米种植区较严重，而大斑病则在春玉米区较严重。国外称小斑病为南方玉米叶斑，大斑病为北方玉米叶斑。在玉米生长季节里，气温一般总是能满足病菌的要求，而降水量将成为病害流行的决定因素。降水量大、湿度高，易造成病害的流行。

3. 防治方法

病害的流行是由三个因素决定的：一是大面积种植感病品种；二是存在大量病原菌；三是具有适宜发病的环境条件。因此，病害的防治应从这三方面着手。

（1）选用抗病品种

这是防治大、小斑病的根本途径。不同的品种对病害的抗性具有明显的差异，生长上常用的抗病品种有中单2号、中单14号、四单8号、丹玉13号、陕单9号、烟单14号、豫玉11号等。

（2）消灭越冬菌源和减少初侵染源

轮作倒茬可减少菌量，另外玉米收获后应彻底清除田间病残体，并及时深翻，这是减少初侵染源的重要措施。在病害发生初期，底部4个叶发病以前，打掉下部病叶，可使发病程度减轻一半。适期早播，使整个玉米生育期提前，可缩短后期处于高湿多雨阶段的生育日数，有避病作用。玉米是一种喜肥作物，加强肥水管理，可提高抗病力。另外大斑病是一种兼性寄生菌，植株生育不良易受侵染，即抗性品种在缺肥缺水时也不能表现出其抗病潜力。

（3）药剂防治

当前尚未找到理想的高效药剂，各地试验较多，反映有一定效果的药剂有：40%敌瘟磷乳油500~1000倍液、50%胂·锌·福美双可湿性粉剂800倍液、50%甲基硫菌灵可湿性粉剂500~800倍液。施药应在发病初期开始，这样才能有效地控制病害的发展，必要时隔7天左右再次喷药防治。

（二）玉米黑粉病和丝黑穗病

玉米黑粉病，俗称"黑瘤子"。玉米丝黑穗病，俗称"乌米""灰包""黑疸"。这两种病是玉米上发生很普遍而又非常严重的病害，一般发病率在50%左右，发病严重的地块可高达60%以上。许多地区常将玉米黑粉病与玉米丝黑穗病混淆，统称"乌米"或"灰包"，但两种病实际上是由不同病菌所造成的不同病害，应加以区别。

1. 玉米黑粉病

（1）发病症状

主要在玉米茎秆、果穗、雄花序、叶片及籽粒上产生大小不等的肿瘤。肿瘤初期外围包有一层带有光泽的灰膜，不久便破裂，散出大量的黑褐色粉末（病菌的厚垣孢子）。果穗被侵染后，造成籽粒不饱满，甚至整个果穗变成黑瘤子，不结穗。叶片和茎秆受害时，形成米粒或豆粒大小的瘤状物，造成病株生长矮小。

（2）发病原因

这种病菌以厚垣孢子形成在土中、土表和病秸秆上越冬，成为翌年玉米发病的初次感染源，病菌孢子靠风力传播，落在玉米植株各部位上均可发病。一般在高温、高湿、重茬、玉米螟危害严重和玉米植株机械损伤较多的地块发病率较高。

（3）防治方法

第一，选用抗病性强的品种。第二，在玉米植株病瘤尚未成熟前及早把病株割除，清出田间处理掉。第三，实行3年以上的轮作制，以减少病菌侵染机会。第四，施用发酵腐熟的有机肥料。第五，在玉米抽雄前10天左右，用50%福美双可湿性粉剂500~800倍液进行喷雾，可减轻黑粉病的再侵染。用1%的波尔多液进行喷雾，也能起到一定的保护作用。

2. 玉米丝黑穗病

（1）发病症状

这种病主要侵害玉米的雌穗和雄穗，雄穗发病后，部分或整个花器变形，基部膨大，内包黑粉；雌穗发病后，形成灰包，病株的果穗较短，基部大而顶端尖，除苞叶外，其余全部被病菌所破坏。有时病果穗一侧的苞叶裂开，散出黑色的粉末（病原菌的厚垣孢子）和很多散乱的黑色丝状物（寄主的维管束残余物），个别果穗苞叶狭长、簇生和变为畸形。

（2）发病原因

病菌的厚垣孢子落在田间表土，或附在玉米种子表面，或混在粪堆中越冬，翌年随着玉米种子萌发，厚垣孢子也同时萌发，在玉米4叶期前侵入玉米幼芽，以后随着玉米生长点向上生长，最后侵入雄穗和雌穗里，形成病穗。

（3）防治方法

第一，用50%多菌灵可湿性粉剂或40%拌种双可湿性粉剂，按种子质量的0.5%拌种；也可用50%萎锈灵可湿性粉剂拌种，50千克种子用药250克。第二，实行3年以上的轮作制和合理深翻，以减少病源。第三，施用发酵腐熟的有机肥料。第四，因地制宜地选择抗丝黑穗病品种。第五，在丝黑穗病的黑粉尚未扩散前割除病株，带出田间处理掉，以减少再侵染。第六，利用种子包衣剂防病。目前生产上有多种种子包衣剂，可有效防治病虫害。玉米种子包衣处理后，对丝黑穗病的防治效果可达63.3%~87.3%。

（三）穗粒腐病

玉米穗粒腐病根据危害玉米的病原不同而分为许多类型，但主要的有镰刀菌穗腐病、曲霉穗腐病、青霉穗腐病和色二孢属菌引起的干腐病等。

1. 症状识别

果穗从顶端或基部开始发病，大片或整个果穗腐烂，病粒皱缩、无光泽、不饱满，有时籽粒间常有粉红色或灰白色菌丝体产生。另外，个别或局部籽粒上密生红色粉状物，病粒易破碎。有些病菌（如黄曲霉、镰刀菌）在生长过程中会产生毒素，由它所引起的穗粒腐病籽粒在制成产品或直接供人食用时，会造成头晕目眩、恶心、呕吐。染病籽粒作为饲料时，常引起猪的呕吐，严重的会造成家畜家禽死亡。

2. 影响发病的因素

由于病菌的多样性，而造成的病菌来源有多方面，带菌的种子、病残体以及其他作物的病残体均能引起田间发病，在后期多雨的年份易造成病害流行。

3. 防治方法

第一，尚无很好的防治方法，但品种间抗性有显著差异，可选用抗病品种。第二，收集病残体，烧毁或深埋，并实行2~3年轮作。第三，注意选种及播种前的种子处理，用福尔马林200倍液浸种1小时有杀菌作用，也可用50%二氯醌以种子质量的0.2%拌种。第四，加强田间管理，做到植株生长健壮，提高抗病力。另外，应及时防治玉米螟，因为玉米螟是穗粒腐病菌的侵染媒介。第五，玉米贮藏时，应保持通风、干燥、低温。

（四）青枯病

玉米青枯病主要发生在灌浆末期，是一种爆发性的、毁灭性的病害，易造成严重的产量损失。

1. 症状识别

玉米灌浆末期常表现为突然青枯萎蔫，整株叶片呈水烫状干枯褪色，果穗下垂，苞叶枯死，茎基部初为水浸状，后逐渐变为淡褐色，手捏有空心感，常导致倒伏。

2. 影响发病的因素

青枯病的病因尚有争论，存在三种不同的看法：其一，是镰刀菌引起的。其二，是腐霉菌引起的。其三，是腐霉菌和镰刀菌的复合侵染引起的。但是，灌浆至乳熟期的大雨，对病害的发生有重要影响，土壤中的含水量高是青枯病发生的重要条件。

3. 防治方法

目前尚无有效防治措施，但品种间抗性差异极为显著，可选用抗病品种。生产上常用的抗病品种有：豫玉 4 号、辽单 18 号、陕单 9 号、豫玉 11 号、豫玉 18 号等。在栽培措施上应促进全苗，注意排水。

四、主要虫害防治

（一）地老虎

地老虎又叫地蚕、土蚕、切根虫。地老虎的种类很多，但经常对玉米造成危害的有小地老虎和黄地老虎。

1. 生活习性

地老虎的一生分为卵、幼虫、蛹和成虫（蛾子）4 个阶段。成虫体翅暗褐色。小地老虎前翅有两道暗色双线夹一白线的波状线，翅上有两个暗褐色的肾状纹与环状纹，肾状纹外侧有一条尖三角形的黑色纵线；黄地老虎前翅仅有肾状纹和环状纹。卵均为半圆球形，初产时黄色，以后变暗。小地老虎幼虫身体表面布满黑色圆形小颗粒；而黄地老虎幼虫体表则没有显著颗粒。蛹的区别在于腹部第五至第七节背面与侧面的点刻。小地老虎背面的点刻比侧面的大，第四节上也有点刻；而黄地老虎背面与侧面点刻相同，第四节上很少有点刻。

地老虎一般第一代幼虫为害严重，各龄幼虫的生活习性和为害不同。一、二龄幼虫昼夜活动，啃食心叶或嫩叶；三龄后白天躲在土壤中，夜出活动，咬断幼苗基部嫩茎，造成缺苗；四龄后幼虫抗药性大大增强。因此，药剂防治应把幼虫消灭在三龄以前。

地老虎成虫日伏夜出，具有较强的趋光和趋化性，特别对短波光的黑光灯趋性最强，对发酵而有酸甜气味的物质和枯萎的杨树枝有很强的趋性。可利用黑光灯和糖醋液诱杀害虫。

地老虎由北向南1年可发生2~7个世代。小地老虎以幼虫和蛹在土中越冬；黄地老虎以幼虫在麦地、菜地及杂草地的土中越冬。两种地老虎虽然1年发生多代，但均以第一代数量最多，为害也最重。其他世代发生数量很少，没有显著为害，所以测报和防治都应以第一代为重点。

2. 影响地老虎发生的因素

秋季多雨是两种地老虎爆发的预兆。因秋季多雨，土壤湿润，杂草滋生，地老虎在适宜的温度条件下，又有充足的食物，适于越冬前的末代繁殖，所以越冬基数大，成为第二年大发生的基础。早春2~3月多雨，4月少雨，此时幼虫刚孵化或处于一、二龄时，对地老虎发生有利，第一代幼虫可能为害严重。相反，4月中旬至5月上旬雨量大，中雨以上的雨日多，造成一、二龄幼虫大量死亡，第一代幼虫为害的可能就轻。

3. 防治方法

地老虎的防治，必须采取诱蛾、除草、药剂、人工防治相结合的措施，才能有效地控制。

（1）诱杀成虫

诱杀成虫是防治地老虎的上策，可大大减少第一代幼虫的数量。方法是利用黑光灯和糖醋液诱杀。

（2）铲除杂草

杂草是成虫产卵的主要场所，也是幼虫转移到玉米幼苗上的重要途径。在玉米出苗前要彻底铲除杂草，并及时移出田外作饲料或沤肥，切勿乱放乱扔。铲除杂草将有效压低虫口基数。

（3）药剂防治

药剂防治仍是目前消灭地老虎的重要措施。播种时可用药剂拌种，出苗后经定点调查，平均每平方米有0.5个虫时为用药适期。

拌种。可用克百威种衣剂拌种，按玉米种子质量的1%拌种。也可用50%辛硫磷乳剂0.5千克加水30~50升拌种子350~500千克。

施毒土。每公顷用3%克百威颗粒剂22.5千克，加细土600千克混匀撒施。

毒饵诱杀。对四龄以上幼虫用毒饵诱杀效果较好。将 0.5 千克 90% 敌百虫用热水化开，加清水 5 升左右，喷在炒香的油渣上（也可用棉籽皮代替）搅拌均匀即成。每公顷用毒饵 60~75 千克，于傍晚撒施。

（二）玉米螟

玉米螟又称玉米钻心虫，是世界性玉米大害虫。玉米螟是多食性害虫，寄主植物多达 200 种以上，但主要为害的作物是玉米、高粱、粟等。

1. 症状识别

玉米螟幼虫是钻蛀性害虫，造成的典型症状是心叶被蛀穿后，展开的玉米叶出现整齐的一排排小孔。雄穗抽出后，玉米螟幼虫就钻入雄花，往往造成雄花基部折断。雌穗出现以后，幼虫即转移雌穗取食花丝和嫩苞叶，蛀入穗轴或食害幼嫩的籽粒。另有部分幼虫由茎秆和叶鞘间蛀入茎部，取食髓部，使茎秆易被大风吹折。受害植株籽粒不饱满，青枯早衰，有些穗甚至无籽粒，造成严重减产。

玉米螟的一生也分为 4 个阶段，即卵蛹、幼虫、成虫（蛾子）。玉米螟成虫比地老虎小些，雌性成虫头胸背呈淡黄褐色，腹部及足呈白色，前翅呈淡黄褐色并有 3 条暗色波状纹，后翅黄白色，且中部和近端部有弧形暗色线。雄虫头胸背呈乳白色，前翅呈红褐色或暗黄褐色，后翅淡褐色并有 2 条带纹。卵粒表面有大小不同的多角形网状纹，初产时呈乳白色，后转淡黄色或淡绿色，孵化前转为黑褐色，聚产成不规则形的卵块，每块有 15~60 个卵，呈鱼鳞状覆盖排列。幼虫呈云白色，背面带粉红色、青灰色或灰褐色，头呈褐色并带有黑点。蛹呈褐色，腹部背部略有脊起，化蛹在寄主茎内，有薄茧。

2. 生活习性

玉米螟因各地气候条件不同，1 年可发生 1~6 代。以幼虫在玉米秆和玉米芯中越冬，部分幼虫在杂草茎秆中越冬。由于各种越冬场所的温度和湿度差别较大，影响了越冬幼虫的化蛹羽化，致使发生期极不整齐。同时，由于玉米螟在不同的寄主上，这些寄主的营养价值也影响其生长发育的不整齐，因而出现世代重叠现象。

成虫通常在夜间羽化，羽化后第二天即能交尾产卵，成虫白昼潜伏，夜出活动。幼虫孵化后，最初仍聚集在原处，咬食卵壳。1 小时后爬行分散，一部分吐丝下垂，随风飘至邻株。从同一卵块孵出的幼虫，就以这种方式分散到许多植株上，造成受害植株较集中。

3. 虫害发生的影响因素

（1）虫口基数

上一代虫口基数的多少，是影响玉米螟为害轻重的重要因素。虫口基数大，在环境条件适宜的情况下，往往会造成严重的为害。

（2）温湿度

玉米螟适于在高温高湿条件下生长发育。各个虫态生长发育的适温为16~30℃，空气相对湿度60%以上。玉米螟主要发生在6~9月，此时温度适宜。因此，玉米螟发生数量的变化，决定于湿度和雨水。

（3）玉米品种

玉米品种不同，被害差异很大。玉米组织中存在一种抗螟物质丁布，成虫将卵产于丁布含量高的玉米品种上，其孵化的幼虫死亡率很高。另外，由于玉米组织形态不同，可影响成虫产卵，如叶面茎秆上的毛长而密，则螟害很轻。因此，玉米品种不同，玉米螟的种群数量和玉米受害程度均不相同。

（4）天敌

玉米螟的天敌种类很多，但对玉米螟抑制作用较大的是赤眼蜂。赤眼蜂寄生于玉米螟卵中，使卵不能正常孵化，或孵化的幼虫不能正常生长，对压低螟虫为害，能起一定的作用。

4. 防治方法

（1）越冬期防治

玉米螟幼虫绝大多数在玉米秆和穗轴中越冬，翌春化蛹。4月底以前应把玉米秆、穗轴作为燃料烧完，或作饲料加工粉碎完毕。并应清除苍耳等可作为害虫越冬寄主的杂草，这是消灭玉米螟的基础措施。

（2）心叶期防治

在心叶末期被玉米螟蛀食的花叶率达10%时，或夏秋玉米的吐丝期虫穗率达5%时进行防治。防治方法可用3%克百威颗粒剂按每公顷30千克兑5倍细沙，制成毒沙，撒在玉米心叶。药液灌注法可用80%敌敌畏乳油2500~3000倍液，每株玉米灌10~15毫升，对玉米螟防治效果可达85%以上，同时对玉米蓟马的兼治效果可高达96.8%。

（3）穗期防治。

用75%辛硫磷乳油1000倍液。滴于雌穗顶部。

（4）生物防治

赤眼蜂在消灭玉米螟方面有很显著的作用，并且成本低。在玉米螟产卵的始期、盛期、末期分别放蜂，每公顷放蜂 15 万~45 万个，设 30~60 个放蜂点。用玉米叶把蜂卵卡卷起来，蜂卵卡高度距地面 1 米为宜。

另外，可用微生物农药杀螟杆菌、7216 杀虫菌、白僵菌等。施用方式有两种：一种是灌心叶，用每克含孢子 100 亿以上的菌粉 1 千克加水 1000~2000 升，灌注心叶。另一种方式是配制成菌土或颗粒剂，菌土一般用 1 千克杀螟杆菌加细土或炉灰 100~300 千克。颗粒剂一般配成 20 倍左右（白僵菌粉 1 千克与 20 千克炉渣颗粒混拌即成），每株施 2 克左右。

（5）选用抗虫品种

如四单 8 号、黄莫、丹玉 13 等。

（三）黏虫

黏虫是一种爆发性的毁灭性的害虫，俗称螯蝗、行军虫、夜盗虫、剃枝虫。

1. 症状识别

黏虫的幼虫裸露在植株表面取食为害。一、二龄幼虫多隐藏在作物心叶或叶鞘中昼夜取食，但食量很小，啃食叶肉后残留表皮，造成半透明的小条斑。五、六龄幼虫为暴食阶段，蚕食叶片，啃食穗轴。

黏虫与地老虎同属夜蛾科的害虫，一生也分为 4 个阶段，成虫、卵、幼虫和蛹。成虫前翅淡黄褐色，略带灰色，有的满布黑褐色小点，中央近前缘有 2 个淡黄色圆斑，外面一个圆斑，下方连有 1 个小白点和 2 个小黑点，从顶角到后缘 1/3 处有暗色斜线一条，外缘有 7 个小黑点；后翅端部灰褐色，基部色淡。卵呈馒头形，纵脊不规则，只到中部为止。幼虫头红褐色，有暗色的纹状纹和黑色的八字形，体形变化很大，常有黑褐、红褐及白色的纵线。蛹的腹部第一至第四节背面散生很浅的小点刻，第五至第七节背面近前缘有一列马蹄形的黑色雕纹，腹面前缘有几排较密的小刻点。

2. 生活习性

黏虫无滞育现象，只要条件适宜，可连续繁育。世代数和发生期因地区、气候而异，我国从南到北，1 年发生 2~8 代。成虫昼伏夜出，取食各种植物的花蜜，也吸食蚜虫、介壳虫的蜜露和腐果汁液。对糖、酒、醋有趋向性。喜产卵于干枯苗叶的尖部，并具有迁飞的特性。幼虫有假死性，对农药的抵抗力随虫龄的增加而增加。

气候条件对黏虫的发生数量影响很大。特别是温湿度及风的影响，成虫产卵适温为15~30℃，高于30℃或低于15℃，成虫产卵数量减少或不能产卵。风也是影响黏虫数量的重要因素，迁飞的黏虫遇风雨，被迫降落，则当地发生黏虫为害就重。天敌对黏虫发生也有很大的抑制作用，黏虫的主要天敌有：寄生蝇、寄生蜂、线虫、蚂蚁、步行甲、红蜘蛛、花蜘蛛及一些菌类。

3. 防治方法

防治黏虫要做到捕蛾、采卵及杀灭幼虫相结合。要抓住消灭成虫在产卵之前、采卵在孵化之前、药杀幼虫在三龄之前等3个关键环节。有条件者，应做好地区甚至区域性的预测预报工作。

（1）诱捕成虫（蛾）

利用成虫产卵前需补充营养，容易诱杀在尚未产卵时的特点，以诱捕的方法把成虫消灭在产卵之前。可用谷草把和糖醋液在夜晚诱杀。糖醋液配比：糖3份、酒1份、醋4份、水2份，混合调匀即可。

（2）诱卵、采卵

利用成虫产卵习性，把卵块消灭于孵化之前。从产卵初期到盛期以后为止，在田间插设小谷草把，在谷草把上洒糖醋液诱蛾产卵，并及时采摘卵块加以消灭。

（3）药剂防治

当玉米地苗期百株有虫20~30个，或生长中后期百株有虫50~100个，即应用药剂防治。可用2.5%敌百虫粉剂，每公顷喷30~37.5千克，也可用80%敌百虫可溶性药剂1000~2000倍液，或4.5%氯氰菊酯1500倍液，或2.5%溴氰菊酯乳油1500~2000倍液防治，效果都很好。

（四）红蜘蛛

玉米红蜘蛛属于螨类，又称火龙、火蜘蛛、红砂等。

1. 症状识别

红蜘蛛一般在抽穗之后开始为害玉米，发生早的年份，在玉米6片叶时即开始为害。红蜘蛛刺吸作物叶片组织养分，致使被害叶片先呈现密集细小的黄白色斑点，以后逐渐退绿变黄，最后干枯死亡。被害玉米籽粒不饱满，造成减产。

红蜘蛛的一生分成螨、卵、幼虫、若虫4个阶段。成螨体形椭圆，体呈红色或锈红色，有足 4 对。卵呈圆球形，表面光滑，初产的卵无色透明，以后逐渐变为橙红色，孵化前出现红色眼点。幼虫初孵时呈圆形，体色透明或淡黄色，取食后体色变绿色，有足 3 对。幼虫蜕皮后变为若虫，体形椭圆，体色由橙红色变红色，背面两侧斑点明显。

2. 生活习性

玉米红蜘蛛成虫在根际土缝内潜伏越冬。早春气温上升后红蜘蛛出土，集中于一些杂草上取食、繁殖，待春玉米出苗后，再通过风吹、爬行等途径，转移到附近的玉米苗上为害。

红蜘蛛在田间成点片状，从虫源所在地扩散到玉米全田，要经过一个较长的时间。红蜘蛛生长与气温的关系不大，但与降水量关系密切。一般在大雨后数量下降，干旱少雨，则数量上升。

3. 防治方法

（1）消灭越冬成虫

早春和秋后灌水，可以消灭大量的越冬红蜘蛛。

（2）利用天敌

玉米红蜘蛛的天敌有深点食螨瓢虫、食螨蓟马、草蛉等。

五、玉米田草害防治

（一）玉米化学除草剂产生药害原因

由于杂草发生种类多、密度大，使玉米生长发育受到一定影响。通过推广使用化学除草剂，效果显著，但又因部分农户用药不当，致使当季或下茬作物产生药害，造成减产。玉米发生药害的症状多为根部干腐，轻则种子根死亡，重则种子根死后逐渐向上发展到气生根，从下部叶片枯死，玉米苗生长瘦弱，直至整株死亡。苗后用药的田块，心叶发黄皱缩，植株矮化，停止生长，有的叶片出现药害枯斑。造成玉米药害的原因主要有以下几个方面。

1. 用药剂量大，兑水量少造成药害

如 50% 乙草胺乳油是用来防治玉米田杂草的主要除草剂，按照使用说明每公顷用量在 1500~2250 毫升，兑水 750 千克喷雾，防效可达到 95% 左右。但是，有的农户在使用过程中随意加大用药量，减少兑水量。一般每公顷用量达 3000~6000 毫升兑水 300~375 千克喷雾，个别农户用药量每公顷高达 7500 毫升以上，以致产生药害。

2. 用药错误造成药害

有些农户错把 50% 丁草胺当作 50% 乙草胺防治玉米田杂草，有的用高效氟吡甲禾灵在玉米出苗后防治玉米田杂草或用氟磺胺草醚防治玉米田阔叶杂草等，均给玉米带来危害。一般应根据作物的种类选用除草剂，才能达到理想的防治效果，否则就会造成药害。

3. 防治时间不适宜造成药害

各种除草剂都有安全的施药时间，例如乙草胺只能用于作物播后苗期，不能用于玉米出苗后；异丙草·莠悬乳剂在玉米田使用既可在播后苗前，也可用于玉米出苗后，但施药时玉米以 3 叶期之内较为安全，玉米叶龄越大受药害越重。

4. 使用方法不当造成药害

在玉米播种期间常出现 5~6 级风，有些农户在大风天气使用弥雾机喷药，由于雾点细，容易随风飘移，再者兑药时先将农药倒入喷雾器后加水，易把药剂冲到喷管中，使开始喷雾的地面因药液浓度大而造成药害。有些农民想减轻劳动强度和时间，将药剂配成毒土撒于玉米田进行除草，这种方法在土壤墒情好的情况下，尚能达到一定的防效，但必须加大用药量，如果拌药不匀、撒施不均，也易造成药害。

（二）玉米除草剂为何难除杂草

近年，玉米田普遍施用 40% 乙莠悬浮剂、42% 甲·乙·莠悬乳剂等除草剂进行田间除草，但许多种植户反映有时除草剂防效不理想，怀疑是产品质量问题，实际上所施用的除草剂并非产品质量有问题，而是诸多原因使药效受到影响所造成的，具体影响玉米除草剂药效的原因有以下几种。

1. 土茬所致

近年夏播玉米多采用麦田套种的种植方式，麦收后多不灭茬，喷施玉米除草剂后，药液多粘附在麦茬上，使药液不能在地表形成药膜，杂草出土后接触不到药剂，从而严重影响了除草剂药效的正常发挥。

2. 干旱所致

有的年份，播种后往往遭遇持续高温干旱天气，喷施除草剂后，药液一接触地表，水分迅速蒸发，使药液不能在地表形成药膜，同时也阻碍了药剂在杂草体内的输送和传导，使药效的正常发挥受到严重影响。

3. 用药偏晚所致

目前推广施用的玉米除草剂，一般在杂草 3 叶期以前施药，但由于有许多夏播玉米多为麦田套种，麦收后，田间许多杂草草龄已偏大，使药效受到严重影响。

4. 施药方法不当所致

许多群众喷施玉米除草剂，不是采用倒行式，而是采用和喷其他药剂一样的前进式，从而使喷到地表的药液尚未形成药膜，就被脚印所破坏。

针对上述原因，在施用玉米除草剂时，首先麦套玉米田，麦收后要先灭茬后施药，其次是遇干旱年份要先浇水后施药，最后是喷施玉米除草剂不能用前进式，而应采用倒行式，使药液在地表形成的药膜不被破坏，以确保除草剂药效的正常发挥。

（三）提高除草剂防治效果的措施

除草剂像化肥一样已被广大农民朋友所接受，使用除草剂可降低劳动强度，提高田间除草效果。然而，使用不当也会因药害给农民造成不应有的损失。

1. 选用对路除草剂

除草剂有严格的使用范围，有时一字之差，就可能酿成大祸。如：丁草胺和乙草胺，苄嘧磺隆和氯嘧磺隆，虽然都只差一字，使用条件却不同。不同种类的作物需要不同种类的除草剂；同种作物，不同的生长期、不同的下茬（季）作物，也需要不同种类的除草剂。因此，购药时一定要注意这些因素。慎用新品种，对从未使用过的除草剂，一定要慎重，应先通过小面积试验或看周围人的使用结果是否安全，效果如何之后，再决定用还是不用。

2. 注意除草剂浓度

有些农民喜欢加大除草剂使用浓度，许多农药商也喜欢向农民推荐使用高浓度农药（农药商这样做，一可以增加用药量，多卖药，二可以提高防效，多拉回头客），这是很危险的。随意加大浓度，可导致药害发生。

3. 注意漂移危害

许多药害纠纷往往是由于农药漂移造成的。这是因为每种农作物都有一些敏感农药品种。对于敏感作物只要微量的除草剂就能造成药害，如施用过二氯喹啉酸的稻田水浇菜田就会引起蔬菜药害。作物对农药敏感的例子还很多，如水稻对氯嘧磺隆、甲草胺敏感，黄瓜、菠菜、小麦、谷子、高粱等作物对乙草胺敏感，蔬菜及梨树、桃树对莠去津敏感。

4. 注意下茬（季）作物

有些除草剂残效期长，对下茬（季）敏感作物有影响。如新开的水田、菜地及新建温室中的小苗不长、烂根或死苗，多因上茬使用除草剂所致。因此，在选用除草剂时，一定要考虑下茬（季）要种的是什么作物，如下季种甜菜、马铃薯、高粱、水稻、棉花、蔬菜等就不能选用莠去津、氯嘧磺隆、氯磺隆等作一季作物的除草剂；下茬种大豆、小麦时，上茬作物选用莠去津时要减半量使用。不同作物对不同除草剂的敏感程度不同，在选用除草剂时一定要注意对下茬和下季作物的影响问题。

（四）玉米除草剂的选择

为了清除杂草为害，使玉米生产发挥其更大的增产、增效作用，现将生产上表现为高效、广谱、安全的几种新型除草剂及施用技术简介如下，供农民朋友参考。

1. 38%莠去津悬浮剂

该药是均三氮苯类选择性芽前芽后除草剂，在玉米播后苗前或玉米苗期、杂草3叶期以前用38%莠去津悬浮剂兑水均匀喷雾，可防除马唐、狗尾草、画眉草、牛筋草、稗草、看麦娘、藜、蓼、苋、荠菜、苍耳、马齿苋、龙葵、刺儿菜及十字花科、豆科等一年生杂草。施药后药剂被土壤吸附在表层，形成一个毒剂层，杂草种子萌芽通过毒剂层或由幼根吸收，直接杀死杂草，或传导到地上部分使叶片产生缺绿症状，抑制杂草的光合作用，使其营养不良而死亡。莠去津的除草效果好，对玉米有良好的选择性，很安全。但田间残效期长达120~160天，如果施用不当，易对后茬作物产生药害。要严格掌握用药量，不能随意加大用量，并注意施药均匀，避免重喷和漏喷。莠去津与乙草胺、异丙甲草胺、甲草胺，草净津等减量混用，不但能扩大杀草谱，而且可降低土壤残留，对后茬作物安全。

2. 48%甲草胺乳油

该药为酰胺类选择性芽前除草剂，一般在玉米播种前用48%甲草胺乳油对水均匀喷洒处理土壤。喷洒后药剂被土壤胶体吸附，杂草种子萌芽通过土壤吸收药剂并传导到体内，抑制杂草幼芽、幼根的生长和次生根的形成，最终导致植株停止生长而死亡。甲草胺除草活性高，在土壤中的药效期为28~56天，能有效地防治一年生禾本科杂草和一些一年生双子叶杂草。施药后7天内如遇降水或灌溉，有助于药效发挥。在干旱条件下施药后浅混土能提高除草效果，混土深度2~4厘米。沙壤土应减少用药量，黏质土加大用药量；有机质含量低的土壤减少用药量，有机质含量多的土壤加大用药量。

3. 50%乙草胺乳油

该药为酰胺类选择性芽前除草剂，在玉米播后至出苗前用50%乙草胺乳油对水均匀喷雾能被杂草的幼芽或幼根吸收，抑制杂草的蛋白质合成而使杂草死亡。在土壤中持效期可达60天，对一年生禾本科杂草有特效，对阔叶杂草也有较好的防治效果，玉米吸收乙草胺后可很快降解为无毒物质，因此对玉米很安全。一般土壤肥沃、有机质含量高的地块需加大剂量；土壤瘠薄、有机质含量低的地块应当减少用药量。施药时土壤湿度大，有利于杂草种子对除草剂的吸收，若土壤干旱则会影响药效的发挥，因此施药前最好灌水，或在降水后施药。

4. 40%乙·莠悬乳剂

该药不仅除草谱广，而且杀草活性高，田间持效期50~60天，一次用药便能保证玉米整个生育期不受杂草为害，对玉米及后茬作物都很安全。一般在玉米播后出苗前到玉米出苗后杂草3叶期之前用40%乙·莠悬乳剂对水进行茎叶喷雾。

5. 50%噻磺·乙草胺乳油

该药是一种高效、广谱、安全的除草剂。可有效防治多种一年生禾本科杂草和阔叶杂草，对部分多年生杂草和莎草科杂草也有明显的抑制作用。50%噻磺·乙草胺乳油既可用于播后芽前土壤处理，也可在玉米出苗后杂草3叶期以前作茎叶处理。

6. 90%乙草胺乳油

该药是酰胺类选择性芽前除草剂，一般在玉米播后苗前用90%乙草胺乳油加水均匀喷雾。但施药后需要有一定的土壤水分才能充分发挥药效。因此，在干旱或降水少的地区，可采用播前土壤喷施，施药后浅混土2~3厘米后播种。

第八章　怎样种好专用玉米

随着农村产业结构的调整，玉米种植由原来的高产、劣质型逐步向优质、高产、专用型转变。优质专用玉米，也称特用玉米，是指与普通玉米相比具有特殊性状和特殊用途的优质玉米。一般包括高蛋白玉米、高淀粉玉米、青贮玉米、甜玉米、糯玉米、爆裂玉米、笋玉米、高油玉米等。优质专用玉米的发展，对于调整粮食作物种植结构、提高农业效益、增加农民收入都具有重要意义。专用玉米具有较高的营养，较高的经济价值，较优的加工品质，市场走俏，是目前结构调整中最活跃的开发项目。

一、专用玉米生产上的问题

（一）专用品种少，品种结构不合理

与其他玉米主产国相比，我国专用玉米品种少，专用性不强，产品成本较高。我国专用玉米的育种和遗传研究起步较晚，种质资源基础薄弱，食用、饲用和加工共用同一类品种，缺乏高产抗逆性强的专用品种，加上食用玉米、饲用玉米和加工专用玉米混种、混收、混储，直接影响商品玉米的质量。

随着畜牧业的发展和玉米精深加工新技术的开发应用，我国玉米的需求量将会大量增加；目前需要加快培育、引进和推广一批专用品种，形成专用玉米栽培技术体系，为专用玉米发展打下良好的基础。应该以提高玉米的商品质量和专用性能为突破口，大力发展饲用玉米和加工专用玉米，优化玉米品种结构。

（二）玉米加工企业规模小，带动力差

我国玉米需求主要包括饲料加工和深加工两类。据报道，其中饲料消费占比在70%左右，深加工消费占比在30%左右。同时，我国玉米深加工设备落后，加工成本高，80%以上的加工产品属于粗加工或一次加工品，如淀粉、酒精、味精等，产业链条短，产业化程度低。无论质量还是数量都无法与发达国家相比，不能满足国内外市场的需求。

由于企业规模小，带动力差，且生产基地与龙头企业联结松散，多属自由购销，没有固定的订单销售。同时，目前专用玉米生产缺乏必要的品质检测和产品跟踪检测，尚未得到养殖业、加工业的认可，故没有实行优质优价。特用玉米种植多属于订单农业，规模化种植必须充分论证，找好市场，签订具有法律效力的订单，根据订单和市场需求，才能确定种植面积。在无订单情况下，甜玉米、笋用玉米、青饲玉米、爆裂玉米无法大面积种植。

（三）主产区与主销区分离，区域布局需优化

与美国玉米带和乳肉带同区域发展相比，我国玉米生产集中在东北和黄淮海地区，而南方地区畜牧业和玉米加工业发展较快，玉米需求量大，形成"南消北产、南缺北多"的局面。优质专用玉米生产区域化布局、专业化生产格局还未形成，地区比较优势未能充分发挥。由于规模小，产业链短，营销服务跟不上，竞争优势还不明显。因此，大力推进专用玉米区域布局，加快培育优势产区，把各地的资源和区位优势发挥出来，有利于尽快提高农业国际竞争力，积极主动地参与国际竞争与合作。实行农产品区域化和专业化生产，形成优势产区，是一些发达国家增强农业竞争力，扩大农产品出口的重要经验。如美国已经形成了有竞争力的专用玉米产业带。通过发展集中生产，能够达到较高的生产水平，形成较大的市场规模，降低生产成本，在较短的时间内提高我国农业的国际竞争力，对于有效抵御国外农产品冲击，扩大农产品出口，在国际竞争中争取主动权具有重大现实意义。

（四）优质不优价，阻碍专用玉米发展

我国专用玉米发展不快，国家应尽快出台相应的政策，实行优质优价收购。目前我国粮食收购工作远远不能适应专用玉米的发展。无论是仓储能力、检测技术，还是经营方式都存在很多问题。尤其是不能优质优价和分类收购，堵塞了发展专用玉米的道路，应该实行多元化的农产品营销政策，允许大型企业参与竞争，既可减轻政府负担，又可搞活粮食市场，促进专用玉米及其他各类农产品的发展，有利于种植业的结构调整和农民的收入增加。

二、我国专用玉米优势区建设

（一）专用玉米优势区建设目标

农业农村部已经提出，要以专用化、多样化的市场需求为导向，以提高玉米竞争力和农民收入为目的，以提高玉米质量和降低生产成本为核心，优化品

种结构，提高玉米转化能力，突出重点品种——饲用玉米、工业加工用玉米，突出重点地区——东北春玉米区和黄淮海夏玉米区，加强基础设施建设，推广专用品种，发展订单生产，促进玉米产区畜牧业和玉米加工业发展，实现专用玉米区域化布局、专用品种种植、规模化生产、产业化经营，加快建成具有国内外市场竞争力的专用玉米产业带。

专用玉米优势区域的总体发展目标是：在增强就地转化能力的基础上，东北—内蒙古主产区要扩大国内南方销区市场和其他东亚、东南亚国家的市场份额；黄淮海主产区要在占领本地市场的同时，占领部分南方销区市场，抵御国外玉米的冲击，形成有进有出、出大于进的贸易格局。

原则上要求优势区域的生态条件符合最适宜区或适宜区的指标要求。社会经济条件较好，一是商品量大、商品率高，养殖、加工转化和外销能力较强；二是生产布局相对集中，种植面积大，单产水平高；三是农业生产条件较好，农田基本建设和机械化水平相对较高。

（二）专用玉米优势区建设配套措施

1. 推广专用玉米品种

重点引进、选育、推广早熟、高产的专用品种，推进专用品种区域化种植，严格控制越区种植，改善玉米品质，提高商品玉米质量的一致性和稳定性。

2. 提高玉米生产机械化水平

重点推广深松机、重型耙、精量播种机、覆膜机、联合收割机、灭茬机等大中型农机具及其配套设备。有组织地推进农机服务社会化，提高劳动生产效率，降低用工成本。

3. 加强玉米病虫害综合防治

建立合理轮作制度，东北推广玉米大豆轮作，黄淮海推广玉米与大豆、花生、棉花等轮作，减少玉米病虫害发生。推广生物（赤眼蜂、白僵菌等）防治技术，提高防治效率，降低防治成本。

4. 推广平衡施肥技术

适当少施氮肥，增施磷、钾肥，大力推广测土配方施肥技术，提高肥料利用率。在专用玉米优先发展区建立专家平衡施肥系统，调整施肥模型，校对施肥系数，做到一地一卡一配方。同时，开展测土、配方、加工、供应、施肥一条龙的社会化服务，提高技术普及率和到位率。

5. 建立标准化生产基地

加强农田基础设施建设，加快中低产田改造，增强综合生产能力；加强田间水利工程建设，扩大有效灌溉面积；发展旱作农业，实施沃土工程，培肥地力；推广节水灌溉、秸秆还田等技术，提高单位面积生产能力。

6. 推进专用玉米产业化经营

以专用玉米和畜产品加工企业为龙头，按照"公司＋农户"的模式，发展订单生产，增强龙头企业的带动能力，形成产销衔接、利益联结的产业化经营机制，实现区域化布局，专业化生产，规模化种植，降低生产经营成本，提高竞争力。

7. 建设专用玉米规范化栽培技术体系

依托本地农林院校和科研单位的技术优势，围绕专用玉米优质、高产、高效、低成本的目标进行研究，形成各类专用玉米适宜不同生态、生产条件下的配套高产栽培技术体系。建设专用玉米高产示范区，在每个重点县市建立 1~2 个专用玉米高产示范区。重点搞好适期播种、合理密植、配方施肥、节水栽培、土壤深松、秸秆覆盖、保护性耕作、病虫害综合防治、玉米螟的赤眼蜂和白僵菌生物防治及适期收获等配套技术的推广应用，辐射带动整个专用玉米生产基地的健康发展。

三、优质蛋白玉米及栽培特点

（一）优质蛋白玉米的特点

优质蛋白玉米也叫高赖氨酸玉米，即玉米籽粒中赖氨酸含量在 0.4% 以上，较普通玉米高 1 倍左右的玉米类型。目前所指的高赖氨酸玉米一般是指由奥帕克 –2（简称 O2）基因控制的优质类型，O2 是一个隐性基因，这种高赖氨酸玉米，在外观上与普通玉米的主要区别是在籽粒的胚乳上，高赖氨酸玉米的胚乳是软质的，或者说高赖氨酸玉米是软粒的，表现为不透明，没有普通玉米籽粒的光泽，籽粒质量也相对轻些，很容易与普通玉米区分。但是，由于 O2 基因所带来的软胚乳特性，造成籽粒易霉变，易招虫害，更重要的是产量低，很难为广大农民接受。近年来，在育种工作者的努力下，一批硬胚乳的高赖氨酸自交系问世，杂交种产量也相应提高，其中有些已接近或超过了普通杂交种。

优质蛋白玉米胚乳内蛋白质组分发生重大变化，谷蛋白含量增加 1 倍，醇溶蛋白含量降低1倍，其中赖氨酸、色氨酸、精氨酸比普通玉米至少提高60%以上，而这三种氨基酸是单胃动物体内不能合成，必须外摄的氨基酸，所以蛋白质品质优良。优质蛋白玉米蛋白质品质类同于鸡蛋蛋白，高于大豆和牛奶蛋白。所以它的生物价和净蛋白利用率比较高，用其饲肥育猪，日增重高30%~50%，喂产蛋鸡产蛋量提高15%，喂奶牛带棒青贮的优质蛋白玉米产牛奶率提高15%~20%。由于优质蛋白玉米大大提高了籽粒中赖氨酸的含量和蛋白质的营养价值，其鲜穗可青食，成熟籽粒可作为加工优质蛋白粉和其他食品原料以及畜禽的高营养饲料，是一种质优价廉的食品原料和优质高效饲料。

用 *O2* 突变体转育的自交系和组配的优质蛋白玉米杂交种，蛋白质水平与普通玉米比较变化不大，但蛋白质中醇溶蛋白减少，谷蛋白增加，蛋白质品质大为提高（表8-1）。

表8-1 不同类型玉米胚乳中各类蛋白质组分

单位：克/100 克蛋白

蛋白质分类	普通玉米 /%	优质蛋白玉米 /%
醇溶蛋白	60	27
谷蛋白	24	49
白蛋白 + 球蛋白	5.8	13.6

近年来，通过改善籽粒胚乳的物理性状，使之从软质变为半硬质，而不降低高赖氨酸含量并保持一定籽粒产量水平，先后选育出一批半硬、硬质胚乳的优质蛋白玉米杂交种，如鲁单203、新玉7号、成单201、长单58、中单3850以及新育成的中单9409、中单3710等。半硬质胚乳和硬质胚乳优质蛋白玉米杂交种的育成，较好地解决了籽粒产量和品质的矛盾，实现了高产与优质的统一，展示着我国优质蛋白玉米育种和生产利用的广阔前景。

（二）优质蛋白玉米的栽培技术要求

与普通玉米相比，优质蛋白玉米杂交种具有更明显的区域性，在种植时要根据当地气候条件，选用硬质或半硬质优质蛋白玉米杂交种。软质（粉质）杂交种易感穗粒腐病，多雨地区不宜种植。根据优质蛋白玉米的特点，为了提高产量和保证质量，栽培上除了要抓好一般的高产栽培技术之外，还应着重抓好以下几点。

1．与普通玉米隔离种植

优质蛋白玉米是由 O2 隐性单基因转育的，如接受普通玉米花粉，其赖氨酸的含量就会变成与普通玉米一样，因此生产上凡是种优质蛋白玉米的地块，应与普通玉米隔开 300 米，防止串粉，这是保证优质蛋白玉米质量的关键措施。隔离的方式可采用空间隔离、时间隔离或自然屏障隔离。为了便于隔离，最好是连片种植，这样即使隔离条件稍差些，对总体质量影响也不会太大。

2．抓好一播全苗

因为优质蛋白玉米种子松软，出土能力比普通玉米稍差些。播种前应精选种子，除去破碎粒、小粒。应用种子包衣技术或药剂拌种，可减少病害，如用 25% 三唑酮可湿性粉剂或 50% 多菌灵可湿性粉剂按种子量的 0.2% 拌种，能防止丝黑穗病等真菌所引起的病害。播种期的确定比普通玉米要求严格些，直播一般应掌握在当地最适春播期的偏后时段，日平均气温稳定通过 12℃ 且土壤干湿适度时播种。在春季干旱地区，必须灌好底水、施足基肥。同时，因种子发芽进行呼吸作用和酶活动时都需要氧气，并且优质蛋白玉米种子内含油量较多，呼吸作用强，对氧的需求量较高，土壤水分过多、土壤板结、播种过深，都会影响氧气的供给，而不利于发芽。播种前要精细整地，做到耕层土壤疏松、上虚下实，播种深度不宜过深，以 3~5 厘米为宜，土壤湿度不宜过大，保证出苗迅速、出苗率高、出苗整齐，利于培育壮苗。出苗后的田间管理同普通玉米一样。

3．合理密植

种植密度要根据土、肥、水条件和品种特性、田间管理水平来确定。原则是：土质肥水条件较差的地块应适当稀植；土质肥水条件较好的地块和育苗移植地块，可适当密植。密度与品种关系十分密切，中单 9409 种植密度为每公顷 4.95 万 ~5.25 万株，鲁玉 13、成单 201 种植密度以每公顷 5.25 万株左右为宜。

如种植密度在每公顷 5.25 万株左右条件下，采用单株等行距清种玉米的种植方式，能充分发挥植株个体的生产潜力，减少弱苗、空秆，易获得高产。一般行距 80 厘米左右，株距 26~30 厘米，由于行、株距都较大，营养面积分布较好，株间透光条件好，特别是生长后期，高产所需的透光条件能够得到保证。在地肥、密度较高的（每公顷 5.25 万株以上）情况下，或与其他矮秆作物间作的条件下，采用宽窄行种植，容易获得高产。一般采用宽行1米左右，窄行60厘米，株距40厘米，双株密植较为适宜，虽然宽窄行株间营养面积分布不均匀，但宽行通风透光条件较好，有利于群体均衡生长，窄行有利于保持一定的种植密度。

4. 加强田间管理

优质蛋白玉米田间管理的中心任务是抓苗、攻穗，严防缺水、脱肥，争取穗大粒多。具体措施是：适时追肥，中耕培土，防治病虫病。

（1）适时追肥

重施早施穗肥，每公顷产量6000千克以上玉米的地块需施187.5千克以上纯氮，并应注意配合施用磷、钾肥。追肥分苗肥、拔节肥、穗肥和粒肥4期施用，关键是重施早施穗肥、增施粒肥，早追肥促壮苗，偏施肥争齐苗。优质蛋白玉米籽粒密度较小，苗偏弱，故应早管。苗肥，在定苗后，或移栽缓苗后，及时追施，用量应占总用肥量的10%左右，个别弱苗要偏肥管理，做到苗壮、苗齐；拔节肥，在拔节始期施用，施肥量占总用量的20%左右，此时正值优质蛋白玉米茎叶旺盛生长、雄穗开始分化的时期，追肥为雄穗分化提供了物质基础，保证了穗分化顺利进行；穗肥，在抽雄前10~15天，即大喇叭口期追肥，此时正值雌穗小花分化，决定着果穗大小和籽粒多少的关键时期，也是玉米需肥最多的时刻。穗肥一般以速效氮肥为主，配合迟效性农家肥料，用肥量占总肥量的40%以上，施后中耕上大垄；粒肥，一般在雌穗花柱开始抽出时看玉米生长情况施用。在抽丝前对一些生长差的地块增施部分速效氮肥作粒肥，最大限度满足籽粒灌浆时对养分的需要，可以保证优质蛋白玉米达到一定的产量水平。一般每公顷以施尿素75千克左右为宜。

（2）中耕培土

苗期应进行浅中耕，使土壤通透性良好、保温、保墒。铲除杂草，以利培育壮苗。拔节时应结合追肥进行深中耕，并浅培土，一般耕深6~8厘米，这样能促使新根大量发生，向纵深发展。大喇叭口期追肥后中耕上大垄，能促使气生根早日入土，防止植株倒伏，同时，培土还有利于雨季防涝。

（3）及时防治病虫害

优质蛋白玉米籽粒和植株极易招致地下害虫及玉米螟、金龟子、蚜虫等地上害虫危害。应采用农业防治与药剂防治相结合的方法。一是通过耕翻、灭茬等方式，降低虫源基数；二是选用高效、低毒、低残留农药或生物农药。对地下害虫，如蝼蛄、蛴螬、地老虎等，可用 90% 晶体敌百虫 250 克加水 5 千克溶解后喷于 100 千克切碎的杂草上，制成毒饵，傍晚撒在地头上进行诱杀；也可在低龄幼虫高峰期用 25% 氰戊·辛硫磷乳油 1000 倍液或 52.25% 氯氰·毒死蜱乳油 2000 倍液进行全面喷雾。防治玉米螟时，可在大喇叭口期接种赤眼蜂卵块，进行生物防治与化学防治；也可在抽雄吐丝期进行，选用 5% 氟虫腈悬浮剂 1000 倍液，或 25% 氰戊·辛硫磷乳油 1000 倍液，或 48% 毒死蜱1000 倍液防治螟虫。玉米纹枯病发生时，应在发病初期及时剥除基部感病叶鞘，有条件的地方亦可喷施井冈霉素液，可使病情明显减轻。

（4）收晒好，贮藏好

优质蛋白玉米成熟时，果穗籽粒含水量略高于普通玉米，要注意及时收晒，以防霉烂。应选择晴天收获，收后连续晒 2~3 天太阳，果穗基本晒干后，即可脱粒，脱粒后再晒 1~2 天太阳，水分降到 12% 以下时，即可入仓贮藏。贮藏期间，由于优质蛋白玉米适口性好，易招虫、鼠，应经常检查、翻晒。有条件的地方可在贮藏前进行药剂熏蒸，以防止仓库害虫危害。

四、高油玉米栽培要点

（一）高油玉米的特点

普通玉米的籽粒含油量一般在 4%~5%，而高油玉米籽粒中的含油率比普通玉米高一倍以上，故称高油玉米。用玉米籽粒榨出的玉米油称玉米胚芽油，这种油不仅营养丰富，而且还具有一定的药用价值，是深受人们喜爱的一种高级植物油。目前已有一批高油玉米杂交种诞生，含油量都在 8% 以上，单产达到常规玉米的水平。高油玉米不仅比传统玉米含油量大大提高，而且蛋白质、赖氨酸、维生素 A、维生素 E 等含量也大大高于普通玉米，是一种优质高能的粮食作物。高油玉米作为一种工业原料也具有丰富的增值潜力。高油玉米的出现使玉米变成集粮食、油料、饲料、工业原料为一体的多元化作物。

高油玉米还是上佳的饲料。高油玉米秸秆的保绿性好，即使籽粒成熟后，仍是鲜绿如初，粗蛋白含量很高，是良好的青饲料，0.2 公顷高油玉米即可满足一头肉牛的粗饲料需求。高油玉米精制过程中产生的玉米面筋，同样是一种高蛋白、多纤维、低脂肪的优质饲料。

（二）高油玉米栽培技术要点

良种良法配套才能发挥出高油玉米的优势。从目前推广的高油玉米品种来看，其产量潜力基本与普通玉米相当，所以有很大的推广价值。当然，高油玉米的生产既具有普遍性的一面，又有特殊性的一面。

1. 品种选择

选择含油量高、高产抗病的优良品种，如中国农业大学培育的高油1号、高油2号、高油6号、高油8号和高油115号等。注意选用纯度高的一代杂交种，禁止使用混杂退化种和越代种。除了正确认识良种增产潜力，在生产上抓好良种的同时，还要注意良法的配套，这样才能真正实现玉米高产。

2. 适期早播

高油玉米生育期较长，籽粒灌浆较慢，中后期温度偏低，不利于高油玉米正常成熟，影响产量和品质，因此适期早播是延长生育期、实现高产的关键措施之一。春播玉米尽量提早播种。麦田复种的，一般在麦收前7~10天进行麦田间作或麦收后贴茬播种的方法，也可采用育苗移栽的方法种植，即：麦收前15天进行育苗，1公顷大田建300米^{2}的苗床，床土以肥沃疏松的菜园土最佳，田头土配合1:1的优质农家肥，掺入1%~1.2%的磷酸二铵。播前浇足水，按6.6厘米×6.6厘米见方制成营养钵，每钵一粒种子，稍加压实，上面覆盖2~3厘米厚度细土，麦收后即可起苗移栽，每公顷可节约种子30千克，既能有效地增加密度，又可使苗全苗壮、抗倒、抗旱。

3. 合理密植

高油玉米适宜密度为每公顷6万~6.75万株，为了减少空秆，提高群体整齐度，确保出苗数是适宜密度的2倍，4~5叶期间苗数至适宜密度的1.3~1.5倍，拔节期定苗至适宜密度的上限，吐丝期结合辅助授粉去弱株消灭空秆，确保群体整齐一致。

4. 科学施肥

为使植株生长健壮、提高粒重和含油量，增施氮、磷、钾肥，一般每公顷施有机肥1.5万~3万千克、五氧化二磷120千克、氮素120~150千克、硫酸锌15~30千克，苗期每公顷追施氮肥30~45千克，拔节后5~7天重施穗肥，每公顷施氮肥150~180千克。

5. 化学调控

高油玉米植株偏高，通常高达2.5~2.8米，控高防倒是种植高油玉米高产成败的关键措施之一，在喇叭口期，每公顷施玉米健壮素450毫升或维他灵375毫升。

6. 及时防治病虫害

高油玉米对大小斑病有较强抗性，但玉米螟发生率较高，防治方法：心叶末期用每公顷3%克百威颗粒剂30千克灌心。在高发生区，可在吐丝期再用药一次，施于雌蕊上，能有效地减少损失，确保高产丰收。

五、青贮玉米

（一）青贮玉米特点

青贮玉米是反刍动物重要的粗饲料来源，与普通粒用玉米相比，青贮玉米饲料具有较高的饲喂价值。用青贮饲料喂奶牛，消化率可提高12.4%，泌乳量增加7.5%，每天节约精饲料15%。青贮玉米优质高效种植与利用技术具有广阔的推广前景。目前农民有个误区，把饲用青贮玉米简单地理解为未完全成熟时收割下来的普通玉米。实际上，饲用青贮玉米不是普通的玉米品种，而是专用品种。饲用玉米秸秆多，籽粒含水量大，临近秋天还是青绿色。青贮玉米的品种类型可以分为两类，一类为普通青贮玉米，主要选用植株高大、生物产量和籽粒产量均较高的杂交种；第二类为特种玉米，目前主要以高油青贮玉米为主，这类玉米是一种新型的优质青贮玉米，籽粒的含油量一般在7%以上，高于普通玉米近1倍以上，蛋白质含量也较高，具有营养全面、能量高等特点，使用此类青贮玉米可以提高养殖效率，改善肉奶品质。目前推广的高油青贮玉米品种有青油1号、青油2号、中农大青贮67等。青贮玉米品种应具有较强的抗病性和较好的保绿性。国内目前青贮玉米仍有一大部分为去穗青贮，这种青贮方式虽然可以收获部分籽粒，但对肉奶业的优质化生产是不利的。推广全株青贮可以大幅提高青贮饲料的营养成分，改善青贮玉米的品质，与无穗青贮相比，全株玉米的青贮饲料可提高肉牛产量10%以上，牛奶产量10%~20%。

（二）青贮玉米栽培技术

1. 品种选择与播前处理

根据栽培目的和当地条件，选择适应性强和产量高的优良品种。要检查发芽率，发芽率在90%以上的种子才能播种用，播前要晒种2~3天，并用种子包衣剂处理。

2. 播种

青贮玉米应在适期范围内尽量早播。在青贮玉米种植面积较大的地区，可在播种适期范围内分期播种，或选用早、中、晚熟品种合理搭配种植，做到分期收割加工。种植一般专用青贮玉米时，播种密度可掌握在每公顷 6 万 ~8.25 万株。各地区应根据当地的地力、气候、品种等情况具体掌握，因地制宜。粮食和饲料兼用型品种应以保证粮食产量为主，兼顾青贮饲料产量。

3. 施肥

由于青贮玉米种植密度较大，施肥量也要略有增加，肥料配比要平衡，以保证其营养体正常发育。一般全部磷钾肥和氮肥总量的 30% 作基肥，播种前一次均匀底施；在 3 叶期追施 10% 的氮肥；在拔节期 5 天追施 45%~50% 氮肥；在吐丝期追施 10%~15% 氮肥。

4. 田间管理

春播的青贮玉米，出苗后要查苗，发现缺苗要立即浸种或催芽补种。后期造成缺苗要就地移苗补栽，力求达到全苗。在长出 3~4 片叶时间苗，保留大苗或壮苗。同时进行第一次中耕除草和培土。长出 5~6 片叶时定苗，留下与行间垂直的壮苗，使田间通风透光良好。定苗同时进行第一次中耕除草和培土。到拔节时进行第二次中耕除草和培土。玉米从拔节到灌浆期需要水肥都多。为了保证高产，在中耕除草的基础上，追肥和灌水 1~2 次。每公顷追速效氮肥 150~225 千克、过磷酸钙 75~105 千克，相应灌水 1 次。

5. 收获和利用

（1）收获

在玉米生长至乳熟期到腊熟期之间进行刈割，一般在籽粒乳线达到 1/2~3/4 时为最佳收获期。把茎叶带穗一同切短打碎进行全株青贮加工。此时期的全株玉米含水量接近 65%~70%，粗蛋白质和粗脂肪含量相对较高，青贮加工比较容易成功，营养成分保持比较好，青贮后适口性好、消化率高。全株玉米青贮是提高青贮饲料品质和养殖效率的关键，通过把玉米籽实和青秸秆切铡混合进行青贮，增加了青贮饲料中能量和蛋白质的含量，营养更加均衡。

（2）青贮

青贮设备宜建在地势高燥、土质坚硬、地下水位低、靠近畜舍、远离水源和粪坑的地方，要坚固牢实，不透气、不漏水。内部要光滑平坦，窖壁应有一定倾斜度，上宽下窄，底部必须高出地下水位 0.5 米以上，以防地下水渗入。

收获时一般采用联合收割机在田间刈割的同时进行原料切铡，用车辆运回青贮窖。青贮料应及时装填，尽量缩短时间边填装边用拖拉机等机械进行碾压，尽量排除空气保证压实，避免霉变失败。为了加强密封，防止漏气透水，在窖的四周可铺填塑料薄膜。装填青饲料时应逐层装入。每层 12~20 厘米厚，用拖拉机或其他机械压实后继续装填，特别是四角和靠壁部位要踏实。装到高出窖口 1~1.5 米为止，然后再压实。当秸秆装贮到离窖口 60 厘米时即可加盖封顶。可先盖一层切短的秸秆或软草（20~30 厘米），铺盖塑料薄膜后再用土覆盖30~50 厘米并拍实，做成馒头形，距窖四周 1 米处挖排水沟，防止雨水向窖内渗入。应经常检查，若发现窖顶有裂纹应及时覆土压实，防止透气和进雨水；发现自然下沉，应及时添加封土，以防进水、进气、进鼠，影响青贮质量。开窖取料应在青贮 40 天以后进行，一般霜降、立冬以后，可随取随喂，注意取后盖好封口。

六、甜糯玉米

随着种植业结构调整的不断深入，尤其是为满足人们生活水平不断提高的需要，应将鲜食甜糯玉米作为重要种植品牌来抓。科学种植鲜食甜糯玉米，对提高产量、改善品质有重要影响，也是提高其经济效益，增加农民收入的重要措施。

（一）甜糯玉米特点

1. 普通甜玉米

普通甜玉米是世界上最早种植的一种甜玉米，在国外已有 100 多年的栽培历史。这种甜玉米是基因突变引起的，受单隐性基因 $Sugary1$（$su1$）控制。乳熟期含糖量在 10% 左右，比普通玉米高 1 倍，蔗糖和还原糖各占有一半。普通甜玉米的另一个特点是，籽粒中含有约 24% 的水溶性多糖，这种碳水化合物的分子质量比较小，可溶于水中，而淀粉含量只占 35%，比普通玉米减少一半。它含有的蛋白质、油分和各种维生素也高。普通甜玉米主要用来加工各种类型和风味的罐头食品，也叫做鲜食玉米。这种甜玉米不耐贮存，要求严格掌握采收期，并应当天采收当天上市出售或加工，因为收后贮存过程中，糖分会向淀粉转化，使果皮变厚，含糖量下降。

2. 超甜玉米

超甜玉米是相对普通甜玉米而言的。这种玉米乳熟期的含糖量比普通甜玉米高1倍，在授粉后20~25天，籽粒含糖量可达到20%~24%。这种甜玉米受单隐性基因 *Shrunken2*（*sh2*）控制，糖分主要是蔗糖和还原糖，水溶性多糖含量很少，淀粉含量减少到18%~20%，这与普通甜玉米有很大的不同，粒重也只有普通玉米的1/3。超甜玉米与普通甜玉米相比，有甜、脆、香的突出特点，但因水溶性多糖太少，不具备普通甜玉米的糯性。在鲜穗玉米市场上，超甜玉米的竞争力后来居上，除用于鲜食还可以用来加工速冻甜玉米。

3. 加强甜玉米

这是一种新类型甜玉米，从遗传上讲，这种甜玉米是在普通甜玉米的背景上又引入一个加甜基因而成的，是由 sul 与其修饰基因 se 共同控制的双隐性突变体。特点是兼有普通甜玉米和超甜玉米的优点，在乳熟期既有高含糖量，又有高比例的水溶性多糖。因此，加强甜玉米可用来加工各种罐头食品，又可作鲜玉米食用或速冻加工利用，具有广阔的发展前景。但在育种上难度大，因此，加强甜玉米的杂交种显得格外珍贵，种子价格也偏高。

4. 糯玉米

又称黏玉米。玉米虽然起源于中美洲，但糯玉米却是最早在中国发现的，最初由于糯玉米的干籽粒切口似蜡质而得名，长期以来人们是依这一特点来识别这一玉米的。糯玉米中的淀粉含量略低于同型普通玉米。试验证明，糯玉米淀粉比普通玉米淀粉易于消化，用淀粉酶水解消化这两类玉米淀粉，糯玉米的消化率为85%，普通玉米的消化率为69%。这和人们的一般观念是不一致的，一般认为黏食不好消化，其实用糯米、黏高粱米、黏小米等制作的糯淀粉含量高的食品，是易于消化的。

目前，糯玉米淀粉在食品工业上也有广泛利用。在饲养业上主要作养牛的精饲料。在我国，南北方都有糯玉米种植，并形成了地方品种，但未能形成生产规模，仅有零星种植，如广西等地种植较多，用来代替糯米粉制作各种黏食。有名的农家品种有半仙糯、多穗白、黄糯玉米、宜良糯、顺宁黏玉米和吉林黄黏苞米等。在糯玉米的开发利用上，则呈现多个层面，如玉米淀粉工业、食品业、鲜食及其冷冻加工。在糯玉米杂交种选育上一般有两方面，一方面是鲜食及食品加工，其要求是风味适口，穗形美观，而对粒色的要求则呈现地域差异，一般在南方如江浙一带喜欢白色的，而北方则喜欢黄色和白色。另一方面是收干籽粒，要求高产且淀粉含量高。

我国的糯玉米育种研究从无到有，现在已经有了长足的进步，育成了一批单交种，籽粒颜色为纯黄色或纯白色，近来又育成籽粒呈黄白色、纯紫色以及黄色、白色、紫色籽粒相间的彩色糯玉米。

（二）甜、糯玉米栽培技术要点

种植甜、糯玉米经济效益较高，但生产难度也大，管理也复杂，不同于普通玉米的生产管理。在生产中，它对适合生长的光、温等气候条件特别敏感，由于气候和栽培管理措施不当，都会造成减产或减收。根据其特点，提出下列栽培要点。

1. 选择适宜品种

首先，注意选择生育期符合当地生态气候条件的丰产性和品质好的品种，同时考虑品种的抗病性和抗倒性。其次，要求品种果穗大小均匀一致，苞叶长不露尖，结实饱满，籽粒排列整齐，种皮较薄。最后，要考虑玉米用途，甜玉米罐头加工选用黄色籽粒和白色籽粒的加甜型或普通甜玉米品种；用于加工糯玉米方便粥、糯玉米面、糯玉米碴，最好选用黄色或黑色籽粒的品种；以采鲜穗作水果、蔬菜上市为主的，应选用超甜玉米品种和甜糯玉米品种。甜玉米、糯玉米应选用每公顷鲜穗产量 1.05 万千克以上的品种，要求甜糯适宜、香味纯正、质地柔嫩、营养丰富，同时外观品质好。

2. 实行隔离种植

必须隔离种植，因为甜玉米和糯玉米都属于胚乳性状的单隐性基因突变体，一旦接受了普通玉米或其他玉米的花粉，当代就变成了普通玉米，籽粒失去甜味和糯性，品质下降，串粉越多，品质下降越明显。尤其紫、黑色糯玉米接受了其他玉米花粉，就会变成花穗。所以，无论种植何种甜、糯玉米都必须隔离种植，防止串粉变质。一般隔离范围要求甜玉米 400 米以上、糯玉米 300 米以上。也就是说，在种植甜玉米的田块周围 400 米内，不能种有与甜玉米同期开花的其他类型玉米。也可采取时间差隔离法，这种方法要求不同品种玉米的散粉期错开 30 天以上。一个地方在一个生产季节内最好只种植一个品种。

3. 实行分期播种

为提高鲜食玉米商品价值，要适当采用反季节栽培，争取提早上市或延迟上市时间，使之成为市场中的"鲜"见产品或周年供应产品，也可考虑开展全年种植均衡上市。因此，在鲜食玉米生产中，可采取地膜覆盖、育苗移栽、盘育乳苗移栽甚至大棚栽培等设施栽培技术，每隔 5~7 天分批分期播种，以保证连续采收上市或加工利用，提高经济效益。

甜、糯玉米栽培季节一般不是十分严格。但由于种子发芽不耐低温，因此一般最早的播期必须在气温稳定通过12℃时，最迟播期也要保证采收期气温在18℃以上。有时为了延长上市或加工时间，可采取分期播种，搭配种植早、中、晚熟的品种。

甜、糯玉米生长中对光、温气候条件特别敏感，不适宜的气候条件都会对产量、品质造成影响，尤其是糯玉米花期不耐高温，授粉期气温超过37℃以上花粉死亡率高、结实率降低。生产中要采取适当早播或晚播，使授粉期、灌浆期错开高温季节。

4. 严格播栽质量

做好种子处理，在播种前要认真选种、浸种。选用发育健全、饱满度好、发芽率高，纯度、整齐度也高的种子，去掉虫蛀籽、坏籽、霉籽，并晒种2~3天杀灭种子表皮的病菌，增强种胚生活力，提高种子发芽率。播种前，对选好的种子用种衣剂拌种，并配合使用微肥，能杀灭种子周围及土壤中有害微生物和害虫。因为种衣剂含有玉米所需的各种微量元素及生长调节剂，可促进根系发育和植株生长，而且成苗率也高。为了确保苗全、苗壮、苗匀，应做到精细播种。每穴必须播2~3粒种子，不要因为种子价格高而减少用种量，每穴只播一粒种子，会减产减收。

种植甜玉米宜选择土层深厚、上虚下实、结构疏松、土壤肥沃、能排能灌的壤土或沙壤土，播前精细整地。适于甜玉米、糯玉米籽粒萌发的墒情，一般以土壤相对含水量60%~75%为宜。墒情差的地块可采取开沟人工点播。种子宜浅播，不要播种过深，以防消耗种子过多的养分或造成幼苗不出土。

5. 合理密植

鲜食甜、糯玉米种植密度与产品的商品性优劣关系密切，多数甜、糯玉米品种都有多穗性，1株能长2个以上果穗，稀植更容易长多个果穗。因此，生产中要求甜、糯玉米适宜密度为每公顷6万~9万株，早熟品种密度稍高，晚熟品种密度稍低，并针对分蘖性强的特点，及时打杈促壮苗形成，剔除弱株，提高群体的整齐度。种植密度过大，会造成空秆率上升或果穗偏小、倒伏等现象发生，反而会降低经济效益。生产上应采取大、小行栽培，以利通风透光，提高光合效率。一般以大行70~80厘米、小行40厘米、株距30~40厘米为好。

6. 科学田间管理

鲜食玉米以采摘鲜穗为目的，生长期短。因此，要早定苗，早中耕除草，早施肥。在肥水管理上，要结合整地施足基肥，每公顷施腐熟的农家肥 6 万 ~ 9 万千克，施氮、磷、钾复合肥 225~300 千克作基肥。同时鲜食玉米要注重补施玉米微肥，以提高品质和产量。4 叶期定苗，5~6 叶期控水控肥蹲苗，8~9 叶期轻追氮肥（每公顷施尿素 150~225 千克），大喇叭口期（10~11）重施攻穗肥（每公顷施尿素 600~900 千克），提高成穗率，长大穗。在追肥时要结合浇水。追肥应在株旁 10~15 厘米内，结合中耕除草开穴深施。在苗期、抽穗至灌浆期如遇干旱必须浇水，才能保证丰产丰收。种植甜、糯玉米，都会出现分枝或分蘖现象，在田间管理中不宜留分枝或分蘖，要及时去除。在生产中，水肥条件好的地块还会出现 1 叶 1 穗或一部位多穗的现象，也要及时掰除，只能长 1~2 个穗，以防造成小穗或减产减收。

7. 做好病虫害防治

甜、糯玉米因其品质好，所以病虫害多，生产中要注意防治病虫害。鲜食玉米外观的好坏与价格有紧密联系，因此要加强病虫害的防治，并推行无公害防治，提高食用安全性。鲜食玉米主要是地下害虫、苗期的病毒病和穗期的玉米螟，尤其是玉米粗缩病，严重年份可导致失收，其次是玉米螟，很容易侵害甜、糯玉米，特别是夏、秋两季种植的，虫害严重，不仅造成鲜穗减产，还会降低鲜穗品质，使合格穗减少，影响后期加工品质。

生产中，应根据本地区鲜食玉米的不同栽培方式、播种时间，在防治技术上采用农业防治与药剂防治相结合的方法，通过耕翻、灭茬等方式，降低虫源基数，尽量少用药或不用药，优先选用高效、低毒、低残留农药，推广使用生物农药。通过采用乳苗移栽、地膜早播等措施可有效避开早世代螟虫为害。对地下害虫，如蝼蛄、蛴螬、地老虎等，可用 90% 晶体敌百虫 250 克加水 5 千克溶解后喷于 100 千克切碎的杂草上，制成毒饵，傍晚撒在地头上进行诱杀。也可在低龄幼虫高峰期用 25% 氰戊·辛硫磷乳油 1000 倍液，或 52.25% 氯氰·毒死蜱乳油 2000 倍液进行全面喷雾。防治玉米螟，进行生物防治最为理想，可在大喇叭口期接种赤眼蜂卵块。也可采用药效高、无残留的药剂防治，以提高产品食用安全性，生产无公害食品。在抽雄吐丝期进行防治时，可选用 5% 氟虫腈悬浮剂 1000 倍液或 25% 氰戊·辛硫磷乳油 1000 倍液，或 48% 毒死蜱 1000 倍液防治螟虫，总体防效在 90% 以上。

甜、糯玉米矮花叶病毒病防治一般通过选用抗病品种解决，防治玉米粗缩病采用调整播期，避过感病时期，加上治虫防病，防治灰飞虱传毒达到防病效果。另外，甜、糯玉米从出苗开始到收获期间，注意防鼠害，如遇台风暴雨，要及时排水、扶倒，以减少损失。开花授粉期间，如遇阴雨低温天气，会造成雌雄穗不协调和授粉不良，要及时进行人工辅助授粉，以增粒和减少秃顶，提高产量和果穗商品品质。

8. 果穗适时采收

生产中对果穗利用目的并不一致，有的是采青穗上市销售或速冻、冷藏错季上市，有的是加工籽粒罐头。鲜食甜、糯玉米的营养品质和商品品质，在一定程度上决定于采收期的早晚，不同品种、不同播种期的玉米有不同的适宜采收期，只有适期采摘，甜、糯玉米才具有甜、糯、香、脆、嫩、营养丰富、加工品质好的特点。不同品种的适宜采收期应根据品种特性、当季的气温特点，同时依据利用及加工要求进行实际动态测定、品尝而定。一般讲，做罐头用的普通甜玉米，应与加工企业协商决定适宜采收期。鲜穗上市的适宜采收期一般以开花授粉后天数来决定：普甜玉米在17~23天；超甜玉米在20~28天；加甜玉米在18~30天；糯玉米在18~25天。

还可以把花丝发枯转成深褐色作为采收适期的标准。但春播情况下，采收期正值高温季节，适宜的采收期很短；在秋播情况下，采收期正值凉爽季节，适宜的采收期较长。鲜食玉米还应注意保鲜，短期保鲜应注意不要剥去苞叶，运输途中尽可能摊开、晾开降低温度；超甜玉米从采摘到上市的时间压缩在2小时内；糯玉米虽然长一些，但也要压缩在24小时之内。

七、爆裂玉米

（一）爆裂玉米特点

爆裂玉米是玉米八大亚种之一。据国外考古推测，它起源于墨西哥的中部地区，早在史前时期（距今七八万年前），那里的印第安人就已栽培驯化和利用它了。我国云南省金沙江地区，在新中国成立前就有爆裂玉米，是否为原生种有待探讨。爆裂玉米的特点是具有极好的爆裂性，其籽粒的爆花率在80%~98%，膨胀倍数可达9~30倍（因品种不同而异），在常压下，用锅炒就能爆花。普通硬粒型玉米则须装在密闭容器内，加热产生高压后才能爆裂；马齿、半马齿型玉米的爆裂性又差些；甜玉米、黏玉米受热后只膨胀不能爆裂。

爆裂玉米籽粒最外层的果皮（俗称种皮）坚硬半透明，是由纤维素有序紧密排列构成。当爆裂籽粒受热（170℃以上）后，热量通过果皮传至胚乳，粒内的液态水将被汽化。水蒸气受致密结构的限制，回旋运动余地很小，极易使粒内形成高压。粒内胀力愈积愈大，达到一定程度，大于果皮承受极限会突然释放，将角质淀粉层和中心的粉质淀粉团一起胀裂，冲破果皮，伴随一声爆响，整个胚乳中的粉质淀粉喷爆形成蘑菇状或蝶形的玉米花。角质胚乳占的比例越多，爆裂形成的米花越大。

爆裂玉米的植株多分枝，主茎双穗率高。晚熟爆裂种株高 220 厘米以上，穗位高 90 厘米，叶片较窄，主茎上有 18~20 片叶。成株茎秆细而坚硬，抗风、耐瘠薄、抗玉米三病（大小斑病、黑穗病、青枯病），但易受玉米螟为害。每棵可产种子 700 多粒，繁种系数比普通玉米高。籽粒小，百粒重 7.5~18.0 克。按籽粒形态可分为两种类型：米粒型（Riceform）粒呈锥状，似稻米，顶端有尖突，粒小、品质好。又有短粗穗长粒、小穗多穗和少粒行硬粒变异种之分；珍珠型（Pearlform）粒顶端有小圆滑的顶冠，粒稍大，但品质不如米粒型，如浙江的紫多穗。这两种类型的粒色都有黄色、白色、红色、橙色和紫色的变异。

爆裂玉米主要用来加工成玉米花系列食品，作为早餐或日常小吃食用。由爆裂玉米制成的爆米花富含人体所需的蛋白质、淀粉、脂肪、纤维素、多种维生素和矿物质。食用时无外壳内核，色泽白净，口感清香松脆，甘美而不甜腻，食后不留废弃物，利于儿童发育和老年人保健。为了提高附加值，在加工时可按不同消费者口味嗜好添加糖、黄油、咖啡、盐、卵磷脂和蜂蜜等添加剂，加工出各种精美的小包装玉米花。国外还有在玉米花中添加牛奶、牛油或奶油，做成玉米花菜享用，成为游乐场所的畅销小食品。爆裂玉米对丰富与调剂人们生活，增加种植者和经营者的收入都具有积极意义。随着商业、旅游业的发展，以及膳食结构的多样化，只要建立起流畅的产、加、销渠道，爆裂玉米系列食品发展前景是光明的。

（二）爆裂玉米栽培要点

1. 隔离种植

虽然其他类型玉米花粉对其品质影响相对较小，但有条件者，最好适当隔离（50 米即可）。若条件不具备，一般大田生产可不设隔离区，但繁殖亲本或配制杂交种时，仍应做 300 米以上的严格隔离，以免串粉，影响品质。

2. 地块的选择

爆裂玉米一般苗期长势较弱，尤其是盐碱地块不易发苗。易旱、易涝的田块容易引起早衰，使籽粒成熟度不足，造成爆花率和膨胀系数下降。因此，选择土壤肥沃、排灌方便的地块种植对爆裂玉米的生产至关重要。

3. 科学施肥，去除分蘖

因爆裂玉米苗期较弱，施肥应采用前重、中轻、后补的方法。即在重施基肥、足墒播种、确保一播全苗的基础上，轻追苗肥、培育壮苗、提高植株抗倒力；补施穗肥，防止早衰。另外，在保证充足供给养分的同时，还要及时除去分蘖，提高成穗率。

4. 防治病虫害

各种玉米病虫害对爆裂玉米的品质影响都很大，尤其是玉米螟为害更为严重。因此，认真防治好玉米螟非常重要。

5. 收获与晾晒

爆裂玉米的收获期要适当偏晚，应在全株叶片干枯，苞叶干枯松散时收获。籽粒成熟充分，产量高，品质好。脱粒前去掉虫蛀粒、霉粒后整穗晾晒。晾晒过程中要注意及时翻动，以免霉变，晾干后脱粒精选。

第九章 怎样搞好玉米地膜覆盖栽培

地膜覆盖是使用化肥和推广杂交种以来玉米生产的又一突破性增产技术。玉米地膜覆盖栽培，具有明显地增温、保墒、保肥、保全苗、抑制杂草生长、减少虫害的作用，并可以促进玉米生长发育、早熟和增产。通过大面积推广实践证明，地膜覆盖增产幅度大、经济效益高、适应范围广，是农业生产上一项重要的增产增收措施。

一、玉米地膜栽培常见的主要问题

近年来，人们使用地膜覆盖栽培作物普遍获得了一定的经济效益，但也有些农户因为使用不当，而没有达到应有的效果。在使用地膜时，要注意以下几个问题。

（一）投入与产出比不合理

地膜覆盖栽培一定要注意投入与产出的比值。在单位面积耕地内，产出值要比投入值高才有效益，相等或低则无效益。如作物覆盖地膜后的增产值高于购买地膜的成本值，就可考虑采取地膜覆盖栽培。

地膜覆盖栽培要因地制宜。不是所有地域和耕地都可覆盖地膜。土壤覆盖地膜的主要作用是增温保湿，达到抗干旱、抗低温并促使作物迅速生长发育的目的。常年温度较高、光照条件较好的地方可不盖膜，这些地方盖膜增产潜力不大，浪费投资。地势低洼、常年渍水或潮湿的田块也可以不盖膜，这样的田块盖膜会使土壤更加潮湿，易使作物根系腐烂，茎叶枯黄或死亡。在旱沙地、贫瘠土地、重黏质土地上，不宜采用地膜覆盖栽培。旱沙地盖膜后土壤环境在中午时易产生高温，在干旱比较严重的情况下反而会造成减产；在贫瘠土地上，覆盖膜后不便追肥，播种时施用基肥不足，覆盖也不能增产；重黏质土地在干旱时小土块多，整地时难以耙碎，盖膜后很难与地面贴紧，刮大风时地膜容易吹破、刮跑。因此，采用地膜覆盖栽培必须掌握一定条件才能达到早熟、高产、稳产的目的。

（二）地膜选用不当，覆膜质量不高

购买地膜时要注意选用适合的、质量好的地膜。由于地膜生产原料和生产技术不同，存在厚度不均、横向耐拉力不够、透光率低等问题，会造成覆膜失败。种植玉米应选择厚度0.008毫米左右、透光率大于70%、纵横断裂伸长率均达100%、展铺性良好、不粘卷、膜与畦面贴空无褶皱的地膜。注意地膜从生产日期起以不超过1年使用为好。部分农户为了节省地膜，覆膜时纵向拉伸过大，导致地膜破裂。有的农户整地不精细，覆膜时垄面不能贴严，容易被风揭动，影响保温效果。正确的盖膜方法是：盖膜时，地膜要轻放，伸手拉紧，使地膜紧贴地面无皱纹，四周平展不透风。

（三）田间管理跟不上

地膜覆盖应特别注意田间管理。部分农户破孔放苗不当。破孔放苗要讲究技巧，忌过早破膜，也忌过晚破膜，正确的时期是玉米现苗出土时，即引苗出土，结合放苗，并及时清除膜孔上过多的土。忌只开孔不压土或压土不严。土壤盖膜期间，田间管理工作难以进行，使土壤板结，通透性变差，养分缺乏。由于盖膜后有机质分解快，作物利用率高，肥料补充的少，使土地肥力下降或因覆盖地膜的管理不当也会造成早熟不增产，甚至有减产现象。同时，覆盖地膜还易滋生杂草。因此，揭膜后要及时疏松土壤、铲除杂草、清理水沟、追施肥料、防治病虫害等。

（四）田中残膜不及时回收

地膜覆盖栽培应注意田土中残留地膜的回收和清理。作物收获后，盖在田土中的地膜要全部清理。如果忽视了这个环节，将会带来后患。残存在田土中的地膜在土壤中不溶解、不腐烂，既阻碍了土壤水分的输送，又抑制了作物根系的伸长，影响作物出苗、生长，导致作物减产。此外，残存在土壤中的烂膜影响耕作。如多年覆盖地膜，残膜清除不净，会造成土壤污染。

二、地膜覆盖栽培的增产原理与配套技术

（一）地膜覆盖栽培的增产原理

地膜覆盖栽培一般都能获得早熟增产的效果，其效应表现在增温、保温、保水、保持养分、增加光效和防除病虫草等几个方面。

1. 提高地温

地膜覆盖栽培的最大效应是提高土壤温度，春季低温期间采用地膜覆盖白天受阳光照射后，0~10 厘米深的土层内可提高温度 1~6℃，最高可达 8℃以上。进入高温期，若无遮阴，地膜下土壤表层的温度可达 50~60℃，土壤干旱时，地表温度会更高。但在有作物遮阴时，或地膜表面有土或淤泥覆盖时，土温只比露地高 1~5℃，土壤潮湿时土温还会比露地低 0.5~1.0℃，最高可低 3℃。夜间由于外界冷空气的影响，地膜下的土壤温度只比露地高 1~2℃。此外，地膜覆盖的增温效应还因覆盖时期、覆盖方式、天气条件及地膜种类不同而异。

2. 保持土壤水分

由于薄膜的气密性强，地膜覆盖后能显著地减少土壤水分蒸发，使土壤湿度稳定，并能长期保持湿润，有利于根系生长。在旱区可以采用人工造墒、补墒的方法进行抗旱播种。在较干旱的情况下，0~25 厘米深的土层中土壤含水量一般比露地高 50% 以上。随着土层的加深，水分差异逐渐减小。地膜覆盖后的作物生长旺盛，蒸腾耗水较多，在相同的管理情况下易呈现缺水现象，应注意灌水，防止干旱减产。

3. 改善土壤结构

由于地膜覆盖有增温保湿的作用，因此有利于土壤微生物的增殖，使腐殖质转化成无机盐的速度加快，有利于作物吸收。据测定，覆盖地膜后，土壤中的速效性氮可增加 30%~50%，钾可增加 10%~20%，磷可增加 20%~30%。地膜覆盖后可减少养分的淋溶、流失、挥发，提高养分的利用率。但是，地膜覆盖下的养分，在作物生长前期较高，后期则有减少的趋势。生产上，应注意追肥，否则将影响产量。此外，地膜覆盖可以避免因灌溉或雨水冲刷而造成的土壤板结现象，减少中耕的劳力，增加土壤的总孔隙度 1%~10%，降低容重 0.02~0.3 克/厘米^3，增加土壤的稳性团粒 1.5%，使土壤疏松，通透性好。并使土壤中的肥、水、气、热条件得到协调，有效防止返碱现象发生，减轻盐渍危害。

4. 提高光合效率

地膜覆盖后，中午可使植株中、下部叶片多得到 12%~14% 的反射光，比露地增加 3~4 倍的光量，因而可以使中下部叶片的光合作用强度增加 13.5%~46.8%，叶绿素的含量增加 5% 左右，同时可以使中、下部叶片的衰老期推迟，促进干物质积累，提高产量。

5. 抑制杂草

地膜与地表之间在晴天高温时，经常出现 50℃左右的高温，致使草芽及杂草枯死。在盖膜前后配合使用除草剂，可防止杂草丛生，减少除草所耗费的劳力。但是，覆膜质量差或不施除草剂也会造成草荒。覆盖地膜后由于植株生长健壮，可增强抗病性，减少发病率。覆盖银灰色反光膜更有避蚜作用，可减少病毒的传播危害。

（二）地膜覆盖配套技术

1. 适宜地区及地膜、良种选择

（1）适宜地区

经多年实践和多点调查，一般年平均气温在 5℃以上、无霜期 125 天左右、有效积温在 2500℃左右的地区适宜推广玉米地膜覆盖栽培技术。覆膜玉米要选地势平坦、土层深厚、肥力中上等、排灌条件较好的地块，避免在陡坡地、低洼地、渍水地、瘦薄地、林边地、重盐碱地种植，切忌选沙土地、严重干旱地、风口地块。地膜玉米怕涝，选地时要考虑排水条件，尤其是雨水较多的地区。地膜玉米整地要平整、细致、无大块土块，有利于出苗。

（2）地膜选择

目前市场上农用地膜来自不同厂家，厚度、价格都有较大区别，购买时首先应当注意看产品合格证，而且要注意成批、整卷农膜的外观质量。质量好的农膜呈银白色，整卷匀实。好的农膜，横向和纵向的拉力都较好。其次，要量一下地膜的宽度。不同的作物，不同的覆盖方式需要不同宽度的地膜，过宽和过窄都不行。再次，需要比较一下地膜厚度。一般应选用微薄地膜。厚度在 0.008 毫米以下的超薄地膜分解后容易支离破碎，难以回收，造成土壤污染，导致作物减产。最后根据自己种植的方式，开畦作垄长度，算出地膜的需要量，不要盲目购买。

市场上的劣质膜主要有三种表现形式：一是缺斤少两，根据有关规定，一捆农膜的标准净含量为 5 千克，国家允许每捆偏差为 75 克。二是产品为再生膜，这种膜透明度差、强度差，手感发脆。三是薄膜厚度低于 0.008 毫米。购买的时候，一定要注意有无合格证、厂名、厂址和品名，并要用手多拽拽，测试其韧性，查看其透明度，千万不要让不合格农用地膜误了一年的收成。

（3）品种选择

玉米覆膜可增加有效积温 200~300℃，弥补温、光、水资源的不足，使玉米提早成熟 7~15 天。因此，可选用比当地裸地主栽品种生育期长、需有效积温多的中晚熟高产杂交种。盖膜后玉米播种期提前、生育进程加快、早出苗、早成熟。在品种选择上除应选择生育期偏长的品种，还应优先选择株型较紧凑、不易早衰、抗逆抗病性强的品种。

2. 栽培方式和密度

（1）栽培方式

玉米覆膜大多采用比空方式，即覆膜两垄，空一垄，少数采用大小垄栽培，即两垄覆膜，空大垄沟。不管垄距大小，二比空的是把不空的两垄合二为一，在新起的大垄上做床种两行。

（2）栽培密度

每公顷株数一般要比裸地栽培增加 20%~40%，平均为 6 万 ~6.75 万株，紧凑型玉米要达到每公顷 6.75 万株以上，确保最少收获株数不能低于 6.75 万株。当然种植过密，极容易造成空秆或生长后期脱肥，影响产量。

3. 整地做床与施肥

（1）整地做床

整地时主要围绕蓄水保墒进行，即秋耕蓄墒，春耕保墒。玉米覆膜要合垄做床，床面宽 70 厘米，床底宽 80 厘米，床高 10 厘米，两犁起垄、埋肥、镇压、做床 1 次完成，床两边用锹切齐，底肥合于床中两厚垄台内。床面要平、净、匀，耕层要深、松、细。

（2）增施基肥

地膜玉米茎叶茂盛，对肥料需求量大，必须增加施肥量。要重视施基肥，基肥以有机肥为主，化肥为辅，高产田一般每公顷施有机肥 60~75 米^3，全部磷钾肥和氮肥总量的 60%~70% 应做基肥，缺锌田应施 15~30 千克硫酸锌。

4. 播种与覆盖

（1）种子处理

播前要精选种子，做好发芽试验，确保种子发芽率达 95% 以上，然后进行晒种、浸种或药剂拌种。浸种就是用冷水浸泡 12~24 小时，或用 55~58℃温水浸泡 6~12 小时。拌种可用 25% 三唑酮可湿性粉剂，按种子质量的 0.2% 进行拌种，可防治黑穗病。可利用种子包衣剂防治病虫害。也可用50%辛硫磷50克，兑水2.5千克，闷种25千克，防治地下害虫。

（2）适时播种

地膜覆盖的增温效果主要在前期，占全生育期增加积温的80%~90%，因此播种时间要比露地玉米提早7~10天，当耕层5~10厘米的地温稳定在8~10℃时就可播种。

（3）覆膜

覆膜方式有两种，一种是先覆后播，这种方法可以提高地温，冷凉山区比较适用，干旱地区可抢墒、添墒覆膜，适期播种，播种时用扎眼器扎眼播种，播后注意封严播种口；另一种是先播种后覆膜，采用这种方式要连续作业，做床、播种、施药和覆膜一次完成，可抓紧农时，利于保墒。

（4）药剂灭草

防杂草主要采取综合措施，一是利用膜内高温灼死杂草幼苗；二是在播种后盖膜前垄面喷药，边喷药边盖膜；三是结合追肥进行中耕除草。草害较重地区，每公顷可用3千克莠去津或异丙甲草胺加3千克乙草胺，混合后兑水1125千克喷雾除草，草害较轻的用药量可降至各2.25千克，播种后盖膜前均匀喷施，用药后立即覆膜。

5. 加强田间管理

播种后要经常田间检查，设专人看管检查，防止牲畜践踏、风大揭膜和杂草破膜，发现破膜及时覆土封闭，膜内长草要压土。待出苗50%时开始分批破膜放苗。放苗应坚持阴天突击放，晴天避中午、大风的原则。一般在播后7~10天发现幼苗接触地膜就应破膜放苗，在无风晴天的上午10时前或下午4时后进行，切勿在晴天高温或大风降温时放苗。定苗后及时封堵膜孔。缺苗时，结合定苗，采用坐水移栽，或在雨天移栽，齐苗后，对床沟进行早中耕、深中耕，提高地温促苗生长。注意旱灌、涝排。因为仅靠基肥难以满足玉米生长后期对肥料的需求，大喇叭口期要扎眼追肥，要因地、因种、因长势确定合理施肥量，防止植株早衰和贪青。追肥的数量一般为玉米总需肥量的30%~40%，以氮肥为主，最好在大喇叭口期施下，每公顷施尿素375千克。防治玉米丝黑穗病主要通过采取选用抗病品种、轮作倒茬及药剂拌种的措施。除了种子包衣防治地下害虫外，每公顷用2.5%敌百虫粉剂防治黏虫；用毒土灌心防治玉米螟，毒土用50%辛硫磷乳油加水稀释后，混入细沙制成。玉生育中后期，覆膜 3 个月后，视雨水多少、温度高低，确定是否揭膜，促进后期生长发育。

6. 促早熟增加粒重

由于选用生育期较长的杂交种，要千方百计地促进早熟，确保霜前成熟，一是在播前用增产菌拌种，或喷施喷施宝、植宝素等植物生长调节剂，促进玉米生长发育。二是采用隔行去雄和站秆扒皮、剪苞叶等管理措施，促进早熟。同时注意适时晚收，有利后熟，增加粒重。

三、玉米地膜选用和用量计算

（一）地膜选用

目前由于塑料工业的迅速发展，我国生产的地膜种类繁多，目前已有 20 余种，其中能够用于玉米栽培的也有 10 余种，现将几种常用的介绍如下。

1. 低密度聚乙烯地膜

低密度聚乙烯地膜又名 LDPE 地膜，这种膜透光性好，光反射率低，覆盖测定透光率为 68.2%，反射率为 13%~30%；热传导性小，保温性强，白天蓄热多，夜间散热少，增温保温效果显著；透水、透气性低，保水保墒性好；耐低温性优良，脆化温度可达 −70℃；柔软性和延伸性好，拉伸和撕裂强度高，不易破损；耐酸碱，无毒无味，化学稳定性好，不会因沾染农药、化肥而变质；可焊接性好，便于拼接修补；质轻，成本低，每公顷用量 120~150 千克。是我国用量最大、用途最广泛的品种。其厚度有 0.02 毫米、0.014 毫米、0.012 毫米、0.010 毫米、0.008 毫米。每卷质量小于 20 千克，断头小于 3 个。注意地膜从生产日期起以不超过 1 年使用为好。

2. 线性低密度聚乙烯地膜

线性低密度聚乙烯地膜又称 LLDPE 地膜，这种地膜的拉伸、抗撕裂和抗冲击能力强，抗穿刺性和抗延伸性等均优于 LDPE 地膜。适合于机械化铺膜，能达到 LDPE 地膜相同的覆盖效果，但厚度却比 LDPE 减少了 30%~50%，大大降低覆膜成本。其他性能和用途与 LDPE 膜相同。

3. 高密度聚乙烯地膜

高密度聚乙烯地膜又名 HDPE 地膜，这种地膜除具有 LDPE 地膜的优点外，最大特点是强度大，比较薄，每公顷用量 60~75 千克，成本可降低 40%~50%，但对气候的适应性不如 LDPE 地膜，更比不上 LLDPE 地膜。

（二）地膜用量计算

每公顷地膜用量取决于地膜种类及其规格、覆盖率和行距配置。同一种地膜主要取决于覆盖率（地膜面积与土地面积的比值）。地膜玉米通常采用宽窄行种植，地膜盖窄行，空宽行。其理论覆盖率计算如式（9-1）。

$$覆盖率（\%）=膜宽 \div（平均行距 \times 2）\times 100 \qquad （9-1）$$

式中膜宽由压入土中和起垄的部分组成，即商品膜宽度。（平均行距 $\times 2$）就是窄行与宽行之和，通常称为"带"。例如窄行 40 厘米，宽行 70 厘米，即 110 厘米为一带，当选用 70 厘米宽的地膜时，则覆盖率为 63.6%。

覆盖率只能反映单位土地面积上的地膜覆盖程度。但往往要求单位面积用膜量要小，增产效果要好，这里给出其用量的具体计算方法。

$$每公顷地膜用量（千克）=地膜密度（克/厘米^3）\div 1000 \times 10000（米^2）$$
$$\times 覆盖率（\%）\times 10000 \times [地膜厚度（毫米）\div 10]$$
$$（9-2）$$

化简后为：$每公顷地膜用量（千克）=密度 \times 厚度 \times 覆盖率 \times 10000$
$$（9-3）$$

以线型地膜为例，密度为 0.92 克/厘米^3，厚度 0.007 毫米，覆盖率 75%。每公顷用量的计算为：

每公顷地膜的覆盖面积为 10000×0.75 等于 7500 米^2，然后乘以 10000 转化为 7500 万厘米^2。

厚度 0.007 毫米 $\div 10$ 为 0.0007 厘米，7500 万厘米$^2 \times 0.0007$ 厘米为 5.25 万厘米^3，再乘上密度 0.92 克/厘米^3 等于 48300 克，最后除以 1000 为 48.3 千克，即每公顷用膜 48.3 千克。

第十章　怎样搞好玉米间套复种

作物间套复种是集约种植、高产高效的重要生产技术，我国利用玉米同其他作物间套复种有着悠久的历史和丰富的经验。近年来，随着生产条件的改善及科学水平的提高，以玉米为中心的间套复种技术迅速发展，面积不断扩大，类型日趋增多，内容更加丰富，效益持续增长，在高产优质高效的农业发展中发挥着重要作用。

一、玉米间套复种上的问题

（一）重视主作物，忽视搭配作物

有些农户在玉米与其他作物间套种时，仅仅把其他作物作为玉米的通风道，能收多少算多少，影响了总体效益。这种以粮为主的思想，仍然没有摆脱"以粮为纲"的阴影。市场经济下，粮食与经济作物并重才行。既能提高玉米产量，也能生产优质高产的经济作物，获取较高的市场效益，是间套复种持续发展的正道。玉米与其他作物间套作要高产，要兼顾玉米和其他作物均衡增产，建成合理的复合群体，才能实现高产高效，充分实现其经济效益和生态效益。

（二）忽视因地制宜，盲目搭配作物

有的农户忽视因地制宜，在间套复种中盲目搭配作物。间套复种必须根据当地的自然条件，掌握好作物的生物学特性，合理搭配种植，切忌忽视因地制宜，盲目搭配作物。我国各地因所在的纬度、海拔高度不同，气候条件有很大差异，应根据不同的气候、土壤条件采用不同的种植方式。一般无霜期较长、热量充足的地区，应积极发展间、套、复种等种植方式；无霜期较短、热量资源较差的地区，应采用以间作为主要形式的种植方式，以充分利用有限的气候资源。

在选择复合群体和前后茬作物时，一要注意所采用的种植方式能够最大限度地利用当地资源，二要注意使作物之间争光、争肥水的矛盾降低到最低限

度，三要注意复合群体能互相促进生长，避免把相互抑制对方的作物种在一起。部分地区间套种植模式中作物田间结构配置不合理，主要表现在种植密度不协调，在作物植株高矮、生育期长短、边行优势的搭配等方面仍有不合理之处。必须进一步加强模式研究。

（三）按老习惯管理，忽视防御各种灾害

发展间作、套作和复种以后，生态条件起了变化，病、虫、草害的发生规律和为害特点也随之变化，如推广玉米和棉花间作后，棉花上玉米螟、红蜘蛛为害加剧，枯萎病、黄萎病蔓延。因此，必须根据病、虫、草害新的发生和为害规律，开展综合防治，尽量减轻为害。旱、涝、渍、冷等各种自然灾害的危害特点也起了变化，如实行三熟或四熟等，早春的旱、冷和晚秋的冷害等对作物的稳产高产影响很大，要特别注意采取对策，趋利避害。总之，要充分发挥有利因素，避免不利因素，力争熟熟增产、稳产高产。随着土地复种指数的提高，土地存在着"营养不良"的问题，究其原因在于耕作、施肥措施没有把握好。因此，土地培养应抓好定期深耕，每隔3年土壤要深耕1次，增施有机肥料，促进土壤团粒结构形成，改善土壤质地。还要增施化肥，在化肥施用上应是稳氮、增磷、补钾、补锌，并合理补充微肥。

（四）舍不得增加投资

目前，在间套复种中相当一部分农民舍不得投资，其结果是经济效益不高。立体、多熟、高效益种植，一般比单作大田生产的经济效益和产出率高，但同时也需要消耗大量的物资和人力等。由于间、套种田间小气候的改变，病、虫、草为害也加重，因此在施肥、浇水和防病、虫、草为害投资上应比一般大田多。在种植时应积极采用先进的农业技术，如优良品种、新型植物生长调节剂、保护地栽培、新法管理等。大多数农业新技术要求的投资较大，如地膜覆盖栽培，每公顷需投资450~1050元。因此，要得到较高的产量和收入，应注意合理采用各种农业新技术。

二、玉米间套复种的概念与意义

（一）间套复种的概念

间套复种是我国在长期农业生产实践中发展起来的，经过不断地充实和完善，逐渐形成了完整的技术体系。

1. 间作

在同一块田地上，于同一生长季内，分行或分带相间种植两种或多种作物的种植方式称为间作。所谓分带是指间作作物成多行或占一定幅度的相间种植，构成带状间作。如2行玉米间作3行大豆，2行玉米间作4行花生等。

2. 混作

混作也叫混种，即在同一块田地上，同期混合种植两种或多种作物的种植方式。混种作物在田间一般是无规则地分布，可同时撒播，或在同行内混合间隔播种，也可一种作物成行种植，另一种作物撒播于其行内或株间。如玉米行间撒播大豆、玉米和大豆同穴混播而形成的玉米大豆混作。间作与混作都是两种或两种以上生育季节相近的作物在田间构成人工复合群体，是集约利用空间的种植方式。但前者在田间规则分布，而后者在田间呈不规则分布。间作或混作时要注意两点，一是确保作物共处期较长，其中至少有一种作物的共处期超过其全生育期的一半。二是不论有几种作物，皆不增计复种面积。

3. 套作

在前季作物生育后期，于株行间播种或移栽后季作物的种植方式称为套作，也称套种或串种。如小麦生育后期，每隔3~4行小麦播种1行玉米。它比单作不仅能阶段性地充分利用空间，更重要的是能使后季作物充分利用生长季节，提高复种指数和作物年总产量。套作主要是集约利用时间的种植方式。套作与间作都有作物的共处期，但前者共处期较短，每种作物的共处期不超过其全生育期的一半。

4. 复种

复种是指在同一块田地上，一年内接连种植两季或两季以上作物的种植方式。如小麦收获后，直接播种玉米。此外，还可以用移栽、再生作物等方法实现复种。

5. 间套复种

在复种中采用间（混）套作的种植方式，这是生产实践中的习惯统称。如小麦收获后复种夏玉米，在夏玉米行间间作大豆或套作早熟秋菜等种植方式。其特点是既利用不同作物共处期的时间与空间，又利用和发挥前后季作物种间的有利关系，以实现作物的高产高效。

（二）发展玉米间套复种的意义

我国人多地少、自然资源相对不足，是经济基础比较薄弱的农业大国。人口、资源、环境、食物间的矛盾，将长期困扰全国的发展。为了实现集约利用土地，提高土地生产率和投入的有效性、合理性，力争用较少的投入获得较大的效益，正确运用和发展以玉米为中心的间套复种，具有极其重要的意义。

1. 增产增收

合理的玉米间套作比单作可显著地增加产量。从自然资源来说，在玉米单作的情况下，时间和土地往往都没有充分利用，太阳能、土壤中的水分和养分也有一定的浪费。采用玉米与其他作物间作套种，构成复合群体，在一定程度上弥补了单作的不足，能更充分利用自然资源，形成更多的生物产品。从社会资源来看，我国人均耕地较少，但劳力资源丰富，又有精耕细作的传统经验，实行间套作可以充分利用剩余劳力，扩大物质投入，运用现代科学技术，实行集约生产，在有限的耕地上，显著提高单位面积土地的生产力。合理的玉米间套作能利用和发挥作物之间的有利关系，以适当的经济投入换取较多的产品输出，实现高产高效同步增长。

2. 稳产保收

玉米生育阶段不同，对旱、涝、风、病、虫等自然灾害的反应亦不同。夏直播玉米，苗期渍涝，对产量影响很大。各地推广的麦田早套玉米种植模式，将套种玉米的播种期提到麦收前 20~25 天，既避免了芽涝，又使玉米抽雄前后的需水临界期与雨季吻合，成熟较早，避免早秋低温的影响，易于实现高产稳产。

3. 用地与养地结合

与单作相比，玉米间套复种生物产量高，对地力利用时间长、强度大，农田的养分消耗较多。但是，玉米间套复种遗留在田间的根茬量增多，收获的秸秆通过沤肥、饲用等途径，直接、间接地归还土壤的潜在输入量增大，使有机肥源增多。既实现了作物高产、优质、高效，又促进了畜牧业发展，增加了粪肥，不断提高了土壤肥力水平。采用玉米与豆科作物特别是与豆科绿肥作物间套作方式，用地养地相结合，更有利于直接培肥地力。

4. 协调作物争地矛盾，促进多种经营

科学安排间套作，可在一定程度上调节粮食作物与油料、蔬菜等作物之间的争地矛盾，有利于多种作物全面发展。近年来，各地大面积推广应用粮菜间套种植模式，在小麦玉米一年两熟基本种植方式上，将瓜菜等作物参与到各季粮食作物中进行间套作，不仅保证了粮食产量持续稳定增长，而且解决了粮

菜争地矛盾，丰富了蔬菜市场供应，增加了农民经济收入。这种在同一块农田上生产多种产品的种植技术，更适合市场经济发展的需要，特别在实施农业产业化适度规模经营情况下，经济效益更加明显。

（三）间套复种的关键技术

1. 巧用阳光和土地

作物间套复种可以充分利用空间、时间和地力。随着水肥生产条件的改善，单位面积产量的高低主要取决于光能利用状况。农作物间套种复合群体中，不同作物的高矮、株型、叶形、叶角、分枝习性、需光特性、生育期等各不相同。通过搭配良好的种植方式，增加复合群体的总密度，就有可能合理地利用空间，增加截光量，减少漏光与反射，改善群体内上部与下部的受光状况。通过不同需光特性作物（如玉米喜光、大豆耐阴等）的搭配，实现光的异质互补；通过不同生育期作物的搭配，提高光热资源利用率。理想的复合群体表现为，上部群体叶片上倾，株型紧凑，喜强光，下部群体叶片稠密，叶片平伸，适于较弱光，可以获得良好的空间互补效应。例如冬小麦与夏玉米套种，充分利用麦行延长了玉米生长季节。作物间套复种能有效提高两作的光合效率。如玉米与豆类作物间种，叶层结构镶嵌，变单作的平面受光为立体用光，增加受光面积，间作玉米侧面受光量明显增加，从而延长了玉米的光合时间，增加了光合产物的合成与积累。

2. 争取农时季节

间套复种相对地增加作物的生长期和积温，充分利用光热资源，调剂农活。间套种作物生育期的差别采取错期播种法，使不同作物吸肥吸水高峰期错开，减缓种间竞争，合理利用资源。例如黄淮海平原由北向南从麦收到种麦只有90~110天，复种夏玉米十分紧张。实行玉米宽行套种可以把播种期提前20~30天，窄行套种提前7~10天，不仅减少三夏农耗，还缓和了农活紧张的矛盾，争取了积温。套种玉米比复种玉米至少可以增加200~300℃的积温，并能把原来夏玉米品种更换为生育期更长、增产潜力更大的中熟或中晚熟品种。

3. 发挥边际优势

充分利用间套复种，发挥边际优势，作为增产措施。种植在边行的高位作物由于通风透光和营养条件较好，增强了边行优势。群体内风速与二氧化碳的流量成正比，对光合作用影响甚大。据研究，套种玉米宽行行间风速比单作玉米行间大1~2倍，作物群体与空气接触面积愈大，交换扩散的气体也就愈多，从而促进复合群体内二氧化碳的更新，产生边行优势。玉米在同矮秆作物间套种时边行优势可深达 0.5~1.0 米，边 1 行和边 2 行的优势较大，边 3 行的优势减弱。

4. 用地养地结合

可以利用不同作物根系生长特点的不同，对土壤、水分、养分、空气等需求不同，为土壤遗留下的残茬和分泌物也有差异，做到用地养地结合。竞争力强的作物扎根深，分布广，吸收能力比较强；另一些作物扎根浅，分布集中，吸收能力相对较差。据测定，玉米根系生长快，分布广，侧根及根毛多，最深分布可达地面以下 2 米，80% 根系在 40~50 厘米土层内，而大豆、谷子、甘薯等根系深度为 15~30 厘米，所以玉米与大豆等作物间套种，可以利用不同层次土壤养分。玉米需氮多而需磷、钾较少，吸收氮、磷、钾的时期比较集中；豆类作物需氮少而吸收磷、钾较多，吸收肥水能力较弱。每种作物根系的残留物在质与量上均有明显的差异，豆科作物具有根瘤固氮能力，其破裂根瘤、残枝落叶、分泌物遗留于土壤，有益于间作玉米生长，还可以培肥地力。

5. 科学调控获高产

农作物间套复种，有互补也有竞争。科学调控的目的，就是协调两种作物，尽量减少竞争的不利影响，分层利用空间，延长利用时间，均匀利用营养面积，发挥互补优势。农业技术要抓住选好组合、规格种植、适时播种、确保全苗以及肥水促控和田间管理等。

（1）要优选组合

选择组合要考虑两个方面，一是尽量减少上茬和下茬作物之间的矛盾，二是尽可能地发挥间套作物的增产潜力，又不影响下茬作物的正常播种。经验是：阴阳（株）搭配、高矮（株）搭配、深浅（根）搭配、长圆（叶）搭配、早晚（熟）搭配、前后（茬）搭配，以充分利用空间和时间。一般说来，高秆玉米行间的光照条件较差，要选择耐荫性强、适当早熟的作物品种。如玉米大豆间作，大豆应选分枝少或不分枝的早熟品种，植株稍矮一些，使玉米通风透光良好；玉米要求植株矮健，叶片上冲，尽量减少行间遮荫。两种作物的高度差可以作为选择作物和品种组合的一个重要指标。适宜的高度差可以在太阳高度角大的时候增加受光面积，变强光为中等光，或者使两种作物生长旺盛期交替出现。确定间套种作物的高度，除合理选用适宜品种外，还要扩大矮秆作物带的宽度，以保证矮秆作物一天之中有一定受直射光照射的时间。已知高度差与带宽，可以估算矮作物受光的时间。

（2）要适期播种

以冬小麦与夏玉米套种为例，套种玉米时间过早，共生期过长，容易形成小老苗，或者植株瘦弱，收麦时容易损伤。但套种时间也不宜过晚，以免失去套种的增产效果。要根据种植形式、作物品种和畦田宽度，灵活掌握。在适宜的土壤墒情条件下，确定播期需考虑 3 个原则：在小麦和玉米共生期间，玉米生长发育不能进入雌穗小穗分化期；套种玉米籽粒灌浆后期应处在 24~20℃ 的日平均温度下，玉米完全成熟时不误种下茬小麦。

（3）要选好行向

玉米单种一般以南北行向种植较好，可比东西行向种植增产 3%~5%。但在间套种情况下，东西行向作物接受太阳照射的时间，每天开始早，结束晚，东西行向种植比南北行向种植增产。若两种作物高度差过大，则南北行向优于东西行向种植。行向的受光效应也随纬度变动而不同，纬度愈低，则东西行向种植愈有利。据研究，玉米与豆类间作东西行向的矮作物，每天获得光照的时间比南北行向多 10%~12%，其中每天除 11~14 时南北行向的光照强度总量比东西行向略高外，其他时间皆以东西行向为高，尤以上午 9 时最为突出。从大豆结荚情况看，东西行向比南北行向种植的大豆结荚率高 6%~8%。

（4）要合理密植

适宜的种植方式可以增加群体密度，均匀通风透光，发挥各类作物的增产潜力。选定适宜的种植方式和密度后，还要从间套种的类型出发，考虑肥水条件、作物反应、田间管理和机械作业等。以玉米与大豆间作为例，在以玉米生产为主的地区，可采用玉米和大豆 4∶2 或 6∶2 间作，在以大豆生产为主的地区，可采用玉米和大豆 2∶4 或 2∶8 间作，而玉米和大豆 6∶6 以上比例的间作方式，对采用机械耕作和收获更为有利。

（5）要规格种植

在相当长的时期内，我国农田种植方式将是间、套、复种并存，劳、畜、机操作并用，农业机械必须适应间套复种的需要，而间套复种植也要为实现农业机械化创造方便条件。总的来讲，要从选择性机械化逐步过渡到全盘机械化，优先选择那些劳动强度大、季节性强、迫切需要而又有可能解决的操作进行机械化，而不力求全面发展。要一机多用，以小为主，大中小结合，优先解决运输、排灌、脱粒、加工等劳动强度较大的操作，同时研究质量轻、成本低、效率高、维修方便的小型多用的农机具。

20世纪90年代，各地出现了许多高产、优质、高效的新型间套复种种植方式，如黄淮海平原冬小麦与夏玉米套种或复种等。各地采用的粮食作物与经济作物间套复种形式更是丰富多样，季季连接，一地多收，成为农民科学种田、发家致富的重要措施。

三、间套复种高产高效栽培模式

近年来，以玉米为主的间套复种基本形成了较系统而完整的种植模式及配套技术。间套复多熟种植能否成功，合理确定间套种模式和各作物品种是关键。间作套种复合群体内，作物种间不仅存在着空间、时间、地下部的互补与竞争，还存在着边际效应、病虫害的补偿与致害效应和代谢产物的正负对等效应。在生产实践中，只有选择在生态位上有差异的作物或人为创造不同的生态位，如高度、形态、营养、生理、生化、时间等，并运用合理的田间配置和栽培技术体系加以调节，才可使作物种间的互补等正效应充分发挥，使种间竞争等负效应得到抑制，从而提高复合群体的生产力，使作物种植业高产高效，并实现持续发展。

（一）小麦、玉米套种

小麦套种玉米，是作物种植分布最广、面积最大的一种类型，主要在平均温度 ≥ 10℃，积温大于4100℃，小麦、夏玉米一年两作热量较足的地区采用。

1. 种植规格

小麦用畦作。高产地区，畦面宽300~350厘米，播种12~16行小麦，每3~4行小麦留20~25厘米的玉米套种行，共留3~4行，畦背宽35厘米。肥水中等地区，畦面宽200~240厘米，播种8~10行小麦，留2个玉米套种行，畦背宽35厘米。土、水、肥条件一般的地区多采用小畦，畦面130~180厘米，畦内留一个玉米套种行，畦背30~35厘米。麦收前在预留套种行和畦背各种1行玉米。一些水肥条件好、产量高的精种地区，也有采用小麦大小行播种，大行距20~25厘米，小行距12~15厘米，麦收前在畦背和大行套种玉米。

2. 栽培技术要点

（1）选用高产良种

小麦应选用抗寒、分蘖力强、矮秆、耐肥水、中早熟、抗病、成穗率高、结实性强的高产品种，小麦株高宜 90 厘米左右。玉米应选用中、晚熟高产、抗倒、抗病的紧凑型品种。

（2）施足基肥，足墒套种

小麦、玉米均应施足基肥和种肥。除小麦播种时施足基肥外，套种玉米可在小麦拔节前开沟集中施优质圈肥、饼肥、粪干等。套种前，有灌溉条件的，应灌水造墒，做到足墒播种，一播全苗。

（3）合理密植

合理密植是小麦、玉米双高产的重要环节。小麦按种植计划确定播种量。当前，麦田套种玉米的密度不足，苗株生长不齐，仍是部分地区限制玉米产量提高的重要原因。必须既提高套种质量，又增加株数，达到合理的种植密度，保证收获足够的穗数。一般玉米高产田，每公顷留苗 7.5 万株，实收不少于 6.75 万株；中产田，每公顷留苗 6.75 万株，实收不少于 6.0 万株。

（4）提高套种质量

要求适期套种，一般高产麦田在麦收前 5~10 天、中低产麦田在麦收前 10~15 天套种；足墒套种，即套种前后灌水造墒；播种发芽率高、经过精选、包衣的种子；尽量条播，用套种耧或开沟条播，播种深度适宜，一般每公顷播种量为 37.5~52.5 千克。

（5）培育玉米壮苗，加强田间管理

小麦收获后立即加强田间管理，主要措施有：灌溉、追肥，促进生长，培育壮苗；及时防治害虫，保苗；适时间苗、定苗；早深中耕灭茬，除草防荒，破除土壤板结。拔节后管理与单作玉米基本相同。

（二）玉米与豆类间作混种

玉米与豆类间混种植历史较长，分布很广。在 20 世纪六七十年代，各地大多采用春玉米与春大豆间混作，夏玉米与夏大豆间混作，70 年代以来，春玉米与春大豆面积逐渐减少，夏玉米与豆类间混作的面积持续增加。随着产业结构调整和高产、优质、高效农业的发展，种植模式又有了改进和提高。

1. 种植规格

田间配置，过去多采用窄行比，如玉米和大豆行比为 1∶1 或 2∶1。为减少玉米对大豆的影响，提高全田总产量，已向宽行比发展，玉米与大豆的行比为（2~6）∶（2~3）。

实践证明，以玉米为主的间作，可在玉米产量比单作不减或基本不减的情况下增收大豆产量，增产幅度一般为 10%~30%。增产效果与地力水平有关，薄地增产幅度大，肥地幅度小。肥力水平低的地块，玉米间、混绿豆的效果比间作大豆好。

以大豆为主的地块或大豆主要产区，要求在大豆丰产的基础上，增种玉米。大豆生产应按单作的行距种植，每隔 4~8 行大豆间作 1~2 行玉米，玉米行距和玉米大豆之间的行距均为 33~50 厘米。机械化程度较高的生产单位，作物田间结构可适当加大带宽和行比，以方便机械化作业。

近年来农业农村部重点推广玉米大豆带状复合种植模式，改单一作物种植为高低作物搭配间作、改等行种植为大小垄种植，充分发挥边行优势，实现玉米产量基本不减产的情况下增收一季大豆。在有限的土地上实施玉米大豆带状复合种植模式可以在保证玉米产量的情况下同时实现大豆增产，为扩大大豆种植、提高大豆产能开辟了新的路径。玉米大豆带状复合种植模式主要是指两行小株距密植玉米带与 2~6 行大豆带相间复合种植，并且无论哪个区域玉米 2 行固定不变，只变玉米株距。而大豆则可根据区域生态和生产特点确定适宜的行数。

2. 栽培技术要点

（1）因地制宜，掌握间作玉米密度

生产上要求玉米实行宽窄行种植，玉米的宽行距大于玉米的株高，窄行距 30~40 厘米，玉米株距依水、肥条件而定，水、肥条件好，株距可缩小到 13~20 厘米，反之，株距应加大到 30 厘米左右。为适应农机具要求，大豆和玉米行比可采用 4∶4 的带状间作。

（2）按作物需肥特点增施肥料

玉米需氮肥较多，大豆喜磷肥和钾肥。因此，在统一增施有机肥的基础上，玉米带要增施氮肥，大豆带应补充磷肥和钾肥。

（3）选用高产品种

玉米和大豆都要选用抗倒伏的高产良种，大豆还应选用较耐荫的早熟品种，玉米用紧凑型的矮秆品种。

部分地区还采用玉米与大豆间同穴混播，既获玉米高产，又增收大豆。玉米与大豆同穴种植，可较好地发挥密植效应、营养异质效应与补偿效应。玉米与大豆同穴种植，大豆应选用有限结荚、早熟、高产的品种，注意合理密植。据各地试验，用紧凑型玉米品种，一般每公顷 6.75 万株；大豆每穴播 2~3 粒，每公顷 13 万 ~18 万株为宜。

（三）玉米与马铃薯间作

1. 种植规格

（1）小麦、马铃薯、玉米、大白菜间套作

施足基肥、平整土地后，按 400 厘米一带做大小畦。大畦宽 240 厘米，畦内等行距播种 14 行小麦，小畦宽 160 厘米，在畦中间起垄，宽 60 厘米、高 10 厘米左右。3 月中旬垄中央种 1 行早熟马铃薯，穴距约 20 厘米，4 月下旬，在垄外两侧各播种 2 行玉米，行距 33~36 厘米，株距 20~23 厘米，与小麦间距 20 厘米。小麦收获后，在小麦种植带种 5 行早熟大白菜或早熟甘蓝，也可复播杂粮作物。

（2）春马铃薯、春玉米、秋马铃薯间套作

间作带宽 80 厘米，其中畦宽 60 厘米，畦沟宽 20 厘米，在高畦面上种 2 行春马铃薯。在黄淮海地区，立春催芽，惊蛰播种，行距 40 厘米，株距 40 厘米。在 20 厘米宽的畦沟内，于 4 月下旬播 1 行玉米，株距 20 厘米，行距 80 厘米。立秋前后，在玉米行间套种 1 行秋马铃薯，株距 20 厘米。

（3）春马铃薯、春玉米、夏玉米、秋马铃薯间套作

种植带宽为 280 厘米，春马铃薯垄作，垄距 60 厘米，每 4 行马铃薯间作 2 行春玉米，小行距 40 厘米，株距 15 厘米。春玉米与春马铃薯均可采用地膜覆盖。6 月上旬每 2 行春马铃薯间套作 2 行夏玉米，行距 40 厘米，株距 15~20 厘米。立秋前后，在夏玉米大行间套种 4 行秋马铃薯。

2. 栽培技术要点

玉米与马铃薯间套作时，除应选择土壤肥沃，灌排方便的地块外，还应增施优质农家肥，并根据其需肥、需水规律，适时适量追肥、灌溉，特别要根据马铃薯需磷、钾素较多的特点增施磷、钾肥。

根据不同作物生态位的差异，合理选用品种。马铃薯在间套作体系中属矮位作物，应选用株型紧凑、结薯集中、早熟丰产的脱毒品种；春玉米或半春玉米宜选用株型紧凑、单株产量潜力大的中、晚熟矮秆品种；夏玉米选用紧凑型中、早熟品种。

（四）玉米与花生间作

玉米花生间作，是用地养地结合的类型，20 世纪七八十年代，在花生集中产区，推广春玉米与春花生间作模式，取得了较好的增产效果。近几年，在

地力较高、肥水条件较好的平原水浇地上，采用小麦套作玉米间作花生的种植模式，既保证了小麦、玉米等粮食作物高产，又获得了花生丰收。

1. 种植规格

（1）春玉米、春花生间作

该方式与玉米、大豆间作基本相同。以玉米为主时，采取 2 行玉米间作 4~6 行花生，玉米大小行，缩小株距，确保玉米密度；以花生为主时，玉米与花生的行比以 2∶14 为宜。如玉米采用抗旱丰产沟，集中施肥，增产效果更好。

（2）小麦、玉米、花生间套作

主要有小畦和大畦两种规格。小畦种植，畦埂宽 50 厘米，畦面宽 130 厘米。畦面播种 6~8 行小麦，并留 3 个 24 厘米的套种行。麦收前 10~15 天，在畦埂套种 1 行玉米，畦面 3 个套种行播种 3 行夏花生。

大畦种植，秋播小麦采用大畦大背，畦内按大小行播种小麦，小行距 17~20 厘米，大行距 27~30 厘米。每畦 8~10 个大行，于麦收前 10~15 天套种花生。大背宽 60~67 厘米，于麦收前 20~30 天套种 2 行玉米，玉米行距 40 厘米。

2. 栽培技术要点

（1）适期播种

协调好间作玉米与花生争用光、肥、水的矛盾，是栽培技术的关键，一般采用推迟间作玉米播种期的方法解决。玉米在花生团棵期到开花前播种，既减轻了玉米对花生生长发育的影响，确保花生边行与中行差异较小，又利于玉米避开孕穗期遭受干旱危害，即群众常说的"卡脖旱"。

（2）增施肥料，培肥地力

玉米花生粮油双高产的基础是土壤肥沃。玉米间作花生应在肥力水平较高、排灌条件良好的地块进行。并在秋种小麦时，结合深耕，施足基肥，满足两季作物的需要。施肥量一般为每公顷优质圈肥 45~60 吨，纯氮 350~400 千克，五氧化二磷 110~150 千克，氧化钾 75~120 千克。

（3）选用适宜间套作的高产良种

春玉米与春花生间作时，玉米选用紧凑大穗型，单株生产潜力大的中早熟矮秆品种，花生选用耐荫性强的高产、中晚熟大果品种。小麦、玉米、花生间套作时，小麦选用高产、早熟品种，玉米选用紧凑型中早熟矮秆品种，花生选用耐荫性强的早熟品种，更利于协调复合群体的种间矛盾。

（4）搞好田间管理

在间套作体系中，花生是矮位作物，尤应加强管理。花生生长后期，注意防治叶斑病，使最大叶面积指数维持较长时间。及时除草，在花生封垄前培土，保持沟清、土松、垄腰胖，以利果针入土。在中后期，应及时防治叶斑病和蛴螬、棉铃虫。盛花期和饱果期注意遇旱灌溉，以利果针下扎和荚果发育；逢涝排水，以防渍涝烂果。生育后期缺肥的，可叶面喷施 1% 尿素和 2%~3% 过磷酸钙，或 0.2% 磷酸二氢钾 1~2 次。

（五）玉米与食用菌间作

玉米与食用菌间作可充分发挥二者在时间和空间上的互补关系，克服或减少相互竞争的矛盾，实现粮、菌双丰收，增加经济效益。目前许多地区推广应用的主要是玉米间作平菇和玉米间作草菇。

1. 种植规格

秋种时，一般小麦畦宽 170 厘米左右，其中畦面 120 厘米，畦埂 50 厘米，畦内播 8 行小麦。于麦收前 15 天左右套种玉米，畦埂套种 2 行、畦内套种 1 行。玉米小喇叭口期，在行间整成宽 40 厘米、深 15 厘米的畦沟，以备栽培平菇。

2. 栽培技术要点

该模式适用于地势平坦、土壤肥力较好、水源充足、灌排方便的地块。小麦选高产、优质的品种，玉米用紧凑型中晚熟高产品种，平菇应选用中高温型品种，以适应在高温多雨季节正常生长。

用棉籽壳作栽培料时，应先晒 2~3 天，然后用清水拌匀，使栽培料的含水量达 60% 左右，同时添加 0.1% 多菌灵。以玉米芯作栽培料时，应粉碎成直径小于 1 厘米的颗粒料，再用 1% 石灰水浸泡 12 小时，捞出后加 1% 石膏粉和 0.1% 多菌灵。

3. 栽培种的制作与管理

6 月上旬，将处理好的栽培料装入长 45 厘米、直径 22 厘米的聚乙烯塑料袋中，装料的同时，将栽培料重 10% 的生产菌种分别装入袋的两端和中间。将塑料袋两端用长约 lO 厘米灭过菌的麦秸草封口，或用塑料绳扎口，堆积发酵，温度控制在 25℃ 以下。1 个月后，将菌块脱袋，从中间断开，两端朝上，排放在栽培沟内，覆土 1~2 厘米，灌 1 次水。1 周左右菇蕾出现时，将菌块上的覆土去掉 1/2，每天喷水 2~3 次，促进出菇。菇蕾出现 2~3 天就可采收。

玉米与草菇间作模式的栽培技术要点，地块、玉米品种的选择与玉米间作平菇基本相同。

（六）小麦、春玉米、夏玉米间套作

近几年，不少地区采用小麦间作地膜覆盖春玉米、麦收后直播夏玉米种植模式，出现了每公顷产量超 15 吨粮的高产典型。该模式每公顷产小麦 6000~6750 千克、春玉米 6000~6750 千克、夏玉米 6000 千克以上，每公顷全年粮食产量可达 18000~19500 千克，具有较高的产量优势和经济效益。

1. 种植规格

以小麦套春玉米为基础，春玉米用地膜覆盖，播期尽量提早，以幼苗不受霜冻危害为度。小麦收获后及时直播夏玉米，形成春、夏玉米间作。该模式的种植带宽度和田间结构对产量影响很大。种植带过窄，小麦实播面积小、产量低；过宽，虽然小麦面积大，夏玉米受的遮荫影响也较轻，但春玉米密度过小，全年总产量也不高。

此种模式的带宽以 250~300 厘米为宜。秋播小麦畦面宽 180~230 厘米，畦背宽 70 厘米，畦内依小麦品种特性确定播种行数。早春在畦背条播 2 行玉米并覆盖地膜，麦收后畦内直播 3~4 行夏玉米，行距 50 厘米，春、夏玉米行间距 55 厘米。这样小麦和春玉米各占适当的面积，减少了种间矛盾，小麦产量接近单作，确保春玉米密度和产量，夏玉米也因有较大的空间而减少了与春玉米之间的矛盾。

2. 栽培技术要点

（1）因地制宜选用良种

该种植模式，小麦与春玉米共生期长达 70 天左右。小麦应选用矮秆早熟、抗倒伏、丰产性好的品种，春玉米一般应选用晚熟、抗倒伏、苗期生长势强的品种。间作春玉米在生育前期的单株干重、叶面积、株高等都显著低于同期单作的，但当小麦收获后，其生长发育速度加快，两者的差距明显缩小。夏玉米一般采用麦收后直播的方式，应选用早熟品种。

（2）施足基肥，提高播种质量

这一模式中，间作春玉米密度加大，与小麦共生期比其他模式长 2~3 倍，小麦对土壤水分、养分竞争力强，因此除小麦播种时全田要施足基肥外，春玉米播种前也要将小麦畦背开沟，集中补施优质农家肥，播种时再补施氮、磷、

钾肥。小麦收获后及时灭茬、除草、松土，按种植模式尽早播种夏玉米。

（3）加强田间管理，确保作物健壮生长

春玉米与小麦共生期长，玉米苗期受到的灾害多。幼苗易受到晚霜危害，生产中除采用适宜播种期外，必须覆盖地膜，保证早播。幼苗易受地老虎、蓟马、金针虫的危害，造成缺苗断垄，应使用药剂拌种，减少虫害。在地膜覆盖前局部喷除草剂，防除杂草。及时防治麦田黏虫，以减轻对玉米的危害。

间作春玉米在与小麦共处期间，遇高温、干旱时，应及时灌溉。若小麦、玉米同时灌溉有矛盾，则可按畦分别灌溉。收麦时应尽量减少玉米苗的损伤。小麦收获后，要加强间作玉米的田间管理，深中耕，灭茬除草，及早追肥和灌溉，促进玉米生长。

夏直播玉米除播种时要带种肥，注意提高播种质量，播后喷施除草剂，保证苗全、苗匀、苗壮外，还要注意防涝。间作春玉米收获后，要及时灭茬、松土、除草，并根据夏玉米生长发育特点，进行肥水管理，做好虫情测报，及时防治黏虫、玉米螟等害虫，保证植株健壮生长，穗大、粒多、粒重。

第十一章 怎样运用玉米节本增效保护性耕作技术

目前，我国玉米种植仍主要依靠人畜力完成，玉米保护性耕作技术的研究与应用尚处在起步阶段，机械化程度很低。致使劳动生产率、土地产出率、先进栽培技术的普及率提高十分缓慢，生产成本居高不下，经济效益一直在低水平徘徊，制约了农业和农村产业结构的合理调整，影响了农民收入的提高。因此，从发展玉米生产，保障玉米优质、高产、高效和国内玉米供给安全的目的出发，玉米保护性机械化耕作技术的研究与推广势在必行。

所谓保护性机械化耕作技术，就是在充分满足玉米生长发育要求的前提下，采用现代化技术措施，对田间作业工序删繁就简或合并，以达到省工、省力、高效、增产和培养地力的目的。相对于传统耕作方式这是一种新型耕作技术，主要是采用大量秸秆残茬覆盖地表，采用机械化和半机械化措施保证播种质量，将耕作减少到只要能保证种子发芽即可，并用农药来控制杂草和病虫害，在满足玉米生长条件的基础上尽量减少田间作业，达到在不减少产量的情况下，降低成本，提高效益，同时减少水土流失、培肥地力、保护环境和资源。

一、发展玉米保护性耕作上的问题

（一）受传统耕作习惯的影响

我国传统农业的色彩很重，搞保护性耕作首先要推行免耕，改变传统的犁耕和精耕细作习惯，其难度很大。而且农民接受新事物、掌握新技术的能力有限，大部分农民对保护性耕作不了解，更不要说主动接受了。农村还存在燃烧秸秆的现象，秸秆不能还田，生产成本高，效益低，水土流失严重，土地肥力下降等问题。推广保护性耕作技术需要付出很大努力，进行多点示范，让农民看到效果，得到实惠，才能使农民自觉接受和采用保护性耕作技术。

（二）条件限制问题

推行保护性机械化耕作，采用免耕覆盖播种，原有的部分机具要淘汰，并重新配备大型拖拉机、玉米收获机、免耕播种机等，机具更新量较大。我国农村经济和农民收入水平还不高，要在短时间内大面积推广，购买力受到一定限制。同时生产保护性栽培关键机具的企业，引进的机械设备品种少、价格高，性能还不能完全适应各地不同条件和农艺要求，有的关键机具可靠性不高，这是影响保护性耕作技术全面推广的重要因素之一。

（三）综合技术配套完善问题

保护性耕作技术是一项涉及机械工程、农艺栽培、土肥、植保等多学科的现代农业技术，实施保护性耕作更是一项需要多部门协作配合的系统工程。组织管理工作的环节多、任务重、要求高、难度大，任何疏漏都会直接影响到发展保护性耕作栽培的质量和进度。目前多部门合作的机制尚未建立好，综合配套技术的研究、推广工作不到位，这将影响实施效果。综合配套技术缺乏系统试验研究，如不同条件下的适栽品种、播种行距、施肥量的选择等，盲目照搬容易造成减产，还有部分农机手技术掌握不够扎实，作业质量也没有完全达标，影响了实施效果。

二、玉米保护性耕作技术发展前景

（一）玉米保护性耕作技术发展现状

我国玉米种植主要是以露地人工直播为主，以穴播为中心的各农艺环节的机械化技术及装备研究与应用局限于单一功能和效果的实现，如耕地、整地、施肥、播种、喷施除草剂、覆盖地膜、追肥等。因此，即使是机械作业，势必会造成机械多次进地，压实土壤、有损地力、增耗能源、延迟农时、效率低下；活劳动和物化劳力消耗大，各工序作业质量及关联度难以保证；其生产成本得不到应有的降低，经济、生态、社会效益得不到应有的提高。与传统农艺相配套的单一功能组成的常规机械化技术体系及机器系统，不仅投资巨大，利用率太低，而且因普遍耕整、多次压实、常量喷施等，不利于改善土壤质地、保水保土和生态改善。从国内现有机械技术研究与试用情况看，要么仅是适用北方玉米集中产区的大型单功能为主的机械，要么仅是适用一般农户的单功能超小型或人畜力作业机具，其推广的地域局限性太大，且无论大型还是小型，其技术性能及作业质量均未达到精细程度，限制了玉米单产的进一步提高。

世界发达国家种植业经营规模大，玉米种植早已实现了全程机械化。有关资料表明，直播玉米多由气力式排种器实现单粒精播，粒距由多级变速机构调节。随着配套动力机功率的不断增大，大型、宽幅、高速的播种机组广泛应用。即使是单功能机型，因高生产率而大大降低作业成本，由于电子、液压、气动技术的广泛使用，使播种机性能和作业质量得到可靠保证。新西兰、美国、加拿大还广泛推行免耕播种等保护性耕作技术，用以保护土壤良好结构和墒情，提高地力和减少机械作业量及能源消耗。与播种工序相关的前后工序作业机械亦呈大型甚至超大型，整地播种等联合作业机械也在发展，但由于它们结构庞大复杂，功能较单一，与我国地情、农情存在较大差距，不适合我国直接引用。近年来，我国很多单位在积极试验研究推广适合我国国情的玉米保护性机械化耕作技术，并取得了显著的进展和成果。

（二）保护性耕作技术的发展前景

根据中国农业大学等单位的系统试验证明，保护性耕作与传统翻耕相比有显著的综合效益。发展保护性机械化耕作技术，不仅有利于优质、高产、高效，而且有利于改善生态环境，提高地力，培植玉米及配套作物生产后劲，大幅度降低生产成本和提高经济效益。这是提高玉米市场竞争力的重要举措。据估算，实施保护性机械化耕作技术，可使玉米节种 20%；节肥 20%~25%，使肥料利用率提高 25%~30%；每公顷平均节约 30~40 个工日；与常规机械化技术相比，能减少工序、节约能耗，降低作业成本 10%~15%；平均增产达 10%~20%；农民收入增加 20%~30%。经济效益十分可观。

有关试验表明，实施保护性机械化耕作技术，还能有效节约水资源，提高水分利用率 16%~20%；增加休闲期储水量 14%；化肥深施能减少环境污染；秸秆还田腐化有利于提高土壤肥力，使有机质含量增加 0.03% 以上，同时使速效氮、速效钾含量提高；有机肥的充分利用和机械化工序高度集中可减少对土壤的压实，改善土壤结构，增加团粒和毛管孔隙。有关试验还表明，保护性种植减少径流 60%，减少水蚀 80%，减少风蚀和沙化，减少秸秆就地燃烧对大环境的污染，其生态效益十分显著。

实现保护性机械化耕作，有助于推进农业和农村产业结构调整；特别是大中型联合作业机械技术的运用，有利于促进玉米及配套作物的规模经营和产业化发展，改善农业和农村经济宏观结构；增加农民收入，有利于粮农的稳定和安定。同时，加强保护性机械化耕作等农机农艺密切结合的前沿技术研究与推广应用，能有力促进新一轮农业科技革命的快速发展。

三、玉米保护性耕作技术规程

（一）春玉米保护性耕作技术规程

近年来在东北春玉米区推广的以玉米秸秆覆盖免少耕为核心，建立的秸秆覆盖、免少耕播种、施肥、除草、防病及收获全程机械化技术体系，可解决东北黑土区因玉米秸秆移除导致土壤退化的关键问题，有效保护了黑土层。不仅是一场耕作制度的变革，更是耕作理念的革新。其中采用宽窄行保护性耕作技术模式就是收获后秸秆全部覆盖地表，采用集行机集行，宽窄行免耕播种，秸秆在行间交替（或间隔）覆盖还田的技术模式（图11-1）。

第一年苗位　　　行距：窄行40厘米/50厘米；宽行60厘米/80厘米/90厘米

第二年苗位　　　行距：窄行40厘米/50厘米；宽行60厘米/80厘米/90厘米

图11-1　春玉米宽窄行免耕播种秸秆还田技术模式

上年玉米收获秸秆还田后，在原均匀行距条件下，采用集行机集行秸秆，相邻两行或三行合并种两行，形成窄行作为苗带、宽行放置秸秆的种植模式，宽行、窄行隔年交替种植。玉米秸秆全量覆盖集行还田保护性耕作技术模式是秋季或者春季进行覆盖秸秆集行，使用专用条带耕作机对苗带（待播种带）表土进行少耕，即仅浅耕播种带，再用免耕播种机播种的技术模式。技术核心是"秸秆覆盖，精准条免耕"。上年玉米收获的同时将秸秆粉碎覆盖在地表，秋季或春季采用秸秆集行机进行集行处理后露出基本洁净的待播种带，然后使用专用播种带耕作机浅耕待播种带，疏松表土，春季直接免耕播种。秸秆集行处理也可以与播种带条耕作业同步进行（图11-2）。

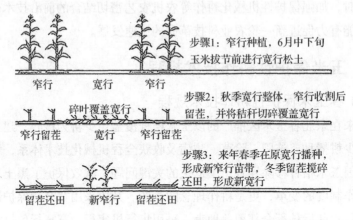

步骤1：窄行种植，6月中下旬玉米拔节前进行宽行松土

步骤2：秋季宽行整体，窄行收割后留茬，并将秸秆切碎覆盖宽行

步骤3：来年春季在原宽行播种，形成新窄行苗带，冬季留茬搅碎还田，形成新宽行

图11-2 秸秆集行处理与播种带条耕作业同步进行技术流程

作业流程及要点：机械收获＋秸秆粉碎覆盖还田→秸秆集行→播种带条耕→免耕播种→施肥防治病虫草害→苗期深松→机械收获。在玉米全生育期，该种技术模式需要用到的主要机具装备包括玉米收获机、秸秆粉碎还田机、四盘前置或后置秸秆集行机、条耕作业机、苗期深松机、植保机械等。

1. 机械化收获

机械化收获的同时进行秸秆粉碎还田，一次进地完成玉米收获和秸秆粉碎两项作业。要求秸秆粉碎还田作业时土壤含水率≤25%，粉碎后秸秆长度≤10厘米，秸秆粉碎长度合格率≥85%，留茬高度≤15厘米，秸秆粉碎后均匀覆盖地表。

2. 秸秆集行处理

采用秸秆集行机将播种条带秸秆集行到非播种条带（休闲带），同时适当镇压以保证播种条带40厘米以上基本无秸秆，非播种条带覆盖秸秆同时镇压。

3. 播种带条耕

采用秸秆集行条耕联合作业机或条耕机对播种带进行宽度不超过60厘米和深度不超过10厘米的少耕处理，并且及时实行强镇压，使地表平整，为播种准备条件。

4. 免耕播种施肥

采用高性能免耕播种机一次性完成侧深施肥、播种、覆土、镇压等作业工序。播种作业时种子播深3~5厘米，化肥深施8~12厘米，种肥距离达到5厘米以上，可根据实际土壤状况进行调节。做到不漏播、不重播，播深一致，覆土良好，镇压严实。

5. 病虫草害防治

病虫草害防治方法与常规种植方式相同，用到的机械主要有各种植保机械，包括背负式喷雾机、机动喷雾机、喷杆喷雾机等，还有一些地区采用植保无人机进行病虫害防治。

6. 苗期深松

采用可在秸秆全覆盖下进行苗期深松作业的深松机，在玉米小苗高度15厘米左右就开始深松作业，以提高地温，促进苗期生长，为接纳夏季集中降雨提前做好准备。

采用宽窄行模式进行播种，窄行行距≥40厘米，宽行行距≥60厘米，以不影响播种作业质量为宜。条带浅耕作业适宜在秋季进行；如果春季作业，对土壤含水量比较大的地块，应顶凌进行秸秆集行作业，然后在适宜的土壤含水率下进行条耕作业。条带浅耕后土壤过于疏松易跑风，应及时镇压。在病虫害防治作业时，要选用性能可靠的植保作业机具，确保做到不重喷、不漏喷，符合植保作业标准要求。如需要进行深松整地作业，使用单一深松机时，要配置镇压部件，以保证深松整地作业效率。

（二）夏玉米保护性耕作技术规程

夏玉米生产恰值一年中最酷热的季节，作业十分艰苦。实施保护性耕作技术，通过简化作业程序可以减少生产成本，增加效益。近年来，保护性耕作技术在小麦玉米两熟区得到了较快的发展。农业农村部在黄淮海地区重点推广小麦玉米两熟区秸秆全量还田的保护性耕作全程机械化生产模式。该区域属暖温带季风气候类型，气候温和，雨量比较适宜，除部分为丘陵地区外，多为冲积平原，地势平坦，是我国的主要产粮区，农业机械保有量大，机械化水平高。

该模式从小麦和玉米品种类型、耕作模式、种植规模、机械化生产等方面规范标准化作业，以玉米秸秆全量还田、深松、播种、田间管理、收获、烘干为重点作业环节，提出小麦玉米两熟区玉米秸秆全量还田的保护性耕作全程机械化工艺路径、技术要点、机具配套方案等，形成较完备的机械化工艺流程和装备体系，推进黄淮海小麦玉米两熟区保护性耕作条件下小麦和玉米生产的标准化和规模化。

作业流程及技术要点：前茬玉米联合收获作业后，将秸秆粉碎并全量还田覆盖地表，根据土壤情况进行深松后，在秸秆均匀覆盖的耕地上进行小麦免少耕播种；播后适时进行田间管理；小麦成熟后进行联合收获、秸秆粉碎还田与烘干；之后进行玉米免耕播种；适时进行田间管理；最后进行玉米联合收获与烘干（图11-3）。

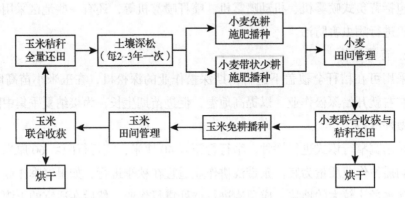

图11-3　小麦玉米两熟区保护性耕作全程机械化生产模式

（农业农村部农业机械化管理司，2023）

该模式目的在于，通过农机农艺融合和机械化技术集成，加快推广应用以秸秆全量还田为核心技术的保护性耕作技术，有效提高农机作业质量和效率，简化作业环节、减少能源消耗、降低投入成本、增加生产效益，推动农业生产量力而行、绿色发展，巩固黄河流域对保障国家粮食安全的重要作用，稳定种植面积，提升粮食产量和品质。

1. 品种类型

小麦和玉米均应选择适宜本地特点的品种。小麦种子质量应达到国家标准要求，纯度≥99%、净度≥98%、发芽率≥85%、水分≤13%。玉米品种应具备耐密、抗倒伏、降水快、穗位一致性好、秸秆硬挺、籽粒为硬粒型、收获时籽粒不易破碎等特点，玉米种子需进行精选处理，纯度、净度≥98%，发芽率≥95%。

2. 种子处理

播种前，种子应根据当地病虫害发生情况选择高效安全的杀菌剂、杀虫剂，采用包衣机、拌种机进行种子机械包衣或拌种。

3. 玉米秸秆全量还田

前茬玉米收获后，应进行秸秆全量粉碎还田，适宜作业的土壤含水率在 10%~20%、玉米根茬含水率＜25%；粉碎还田后，秸秆长度≤10厘米、秸秆抛撒不均匀率≤20%、碎茬深度≥80毫米、根茬粉碎率≥90%、碎土率≥90%。

4. 土壤深松

深松作业宜根据土壤情况适时开展，适宜作业的土壤含水率在 15%~25%；深松深度≥25厘米并打破犁底层，稳定性≥80%、土壤膨松度≥40%，无漏松和重松；深松后应适度镇压，裂沟应合墒抹平，达到地表平整。采用凿（铲）式深松机，相邻两铲间距应不大于 2.5 倍深松深度。

5. 小麦免少耕施肥播种

使用小麦带状粉碎免耕施肥播种机或带状少耕施肥播种机，一次性完成施肥、播种、镇压等作业。作业地块的土壤含水率为 12%~20%，土壤坚实度、肥力、有效耕层等条件适宜免少耕播种施肥作业。作业时，应将基肥深施，不能施撒地表。种肥间距≥5厘米，播深 1~3厘米，施肥深度 10厘米左右；应播种均匀，无漏播、重播，覆土均匀严密，播后镇压效果良好。

（1）带状粉碎免耕施肥播种机

带状粉碎免耕施肥播种机具有苗带秸秆粉碎、开沟、防缠绕等部件和相应功能，整机仅有开沟器入土，属免耕作业；在玉米秸秆全量还田条件下，配置于开沟器之间的粉碎刀能主动粉碎拥堵的玉米秸秆，使机具在规定的作业速度时，不发生重度堵塞；断条率≤2%。

（2）带状少耕施肥播种机

带状少耕施肥播种机具有条带开沟、碎土、破茬、切草、镇压及防缠绕等部件，具有播种行土壤耕作、行间免耕功能，可根据不同的土壤状况和残茬覆盖选用旋耕刀、圆盘刀等适宜的耕作部件。在玉米秸秆全量还田条件下，机具在规定的作业速度时，不应发生重度堵塞；整机动土率≤40%，断条率≤2%。

6. 小麦田间管理

选用喷杆式喷雾机或植保无人驾驶航空器施药作业，在小麦生长期喷施除草剂和杀虫剂，防治病虫草害。在有灌溉条件的地区，应推广节水灌溉，三类苗宜在返青期浇水，二类苗宜在起身期浇水，一类苗宜在拔节期浇水；采用滴灌时，喷洒水的均匀度应＞70%，以免影响灌溉质量。追肥时，可采用低压喷灌、微喷等节水灌溉技术，水肥同施。

7. 小麦联合收获与秸秆还田

收获总损失≤2%，含杂率≤3%，漏割率≤1%。为提高后茬玉米的播种质量，小麦秸秆应粉碎抛撒，割茬高度≤15厘米、小麦秸秆切碎长度≤10厘米、切断长度合格率≥95%、抛撒不均匀率≤20%。

8. 小麦烘干

可选用连续式或循环式谷物烘干装备，将小麦烘干至含水率≤13%。谷物在进机前应进行筛选，去除杂物，以防堵塞烘干装备。烘干温度≤60℃，高水分小麦（含水率>25%）不宜用高温干燥，热风温度≤30℃；干燥种子时，应采用较低的热风温度。

9. 玉米免耕播种

小麦收获后，应尽快免耕播种夏玉米，播种密度根据地力、品种特性而定，一般耐密紧凑型玉米品种每公顷6.0万~7.5万株；大穗型玉米品种每公顷5.25万~6.0万株。玉米播种深度3~5厘米，种肥同播。

10. 玉米田间管理

（1）植保

为防止秸秆覆盖免耕播种后引发的病虫草害，播后苗前应及时喷施高效除草药剂进行土壤封闭处理；玉米三至五叶时视田间杂草密度采取措施，杂草密度较低时，可进行机械中耕除草；杂草密度较高时，宜开展化学除草；病虫害防控或植株化学调控应采用自走式高地隙喷杆喷雾机或植保无人驾驶航空器进行高效药剂喷施，确保施药效果。

（2）灌溉

玉米灌溉应选择节水灌溉方式，主要有固定式喷灌、卷管式喷灌和水肥一体化滴灌等。玉米生育期雨量充足，一般不需要灌溉；若遇大雨，应及时排涝；若遇干旱，苗期每公顷可适量灌水150~450米^3，抽穗期每公顷灌水600~900米^3，花粒期每公顷灌水300~600米^3。

11. 玉米联合收获

（1）果穗收获

摘穗收获要求玉米籽粒含水率为25%~35%，总损失率≤5%，果穗含杂率≤1%，苞叶剥净率≥85%。

（2）籽粒收获

具备烘干、贮藏、加工或直销能力的用户，应采用籽粒直接收获方式。籽粒收获时间一般晚于果穗收获作业时间，在玉米生理成熟后 2~4 周，籽粒含水率 15%~25% 时进行作业，确保总损失率 ≤ 5%，籽粒破损率 ≤ 5%，籽粒含杂率 ≤ 3%。

（3）穗茎兼收

采用穗茎收获机一次完成玉米摘穗、剥皮、集穗及茎秆切碎收集，要求总损失率 ≤ 5%、果穗含杂率 ≤ 1%、苞叶剥净率 ≥ 85%、切断长度合格率 ≥ 85%、秸秆收获损失率 ≤ 10%、秸秆含杂率 ≤ 3%、割茬高度 ≤ 15 厘米。

12. 玉米烘干

籽粒收获后应及时进行烘干处理，宜选用连续塔式烘干机。热风温度 100℃，玉米籽粒温度不超过 50℃。尽量在 15 小时内用烘干机将玉米籽粒水分降到 16% 以下，然后将籽粒送入带有一定干燥功能的钢板仓进一步干燥并储存。

该模式主要适用于玉米—小麦周年连作地区。适用于活动积温在 2600℃以上、光照 1800~3000 小时，降水量在 350~1000 毫米的小麦、玉米种植区域，包括河北省、山东省、北京市、天津市、河南中北部、江苏和安徽北部、山西中南部以及陕西关中等在内的黄淮海小麦玉米两熟区。该模式比传统耕作可减少作业工序 2~3 道，降低作业成本 20% 以上；减少浇水次数，降低农业用水量；保护性耕作的田块叶片衰老得晚，光合有效功能期延长，灌浆期延长，千粒重增加，利于产量的提高，小麦平均每公顷增产 750 千克。整体每公顷可实现节支增收 1500 元以上。玉米秸秆全量还田保护性耕作减少了秸秆焚烧、温室气体排放，提高了土壤理化指标和有机质含量，增强了农民科学种田的意识和环境保护意识。同时，促进了农机具的结构调整和优化，提高了农业装备水平，促进了现代农业发展和乡村振兴。

（三）保护性耕作的主要农机具

1. 免耕播种机

免耕播种机是保护性耕作的关键机具。免耕播种机要同时完成播种和施肥作业，种子和肥料要播施到有秸秆覆盖的地里，有些还是免耕地，种床条件比传统耕作地要差。所以，免耕播种机除要有传统播种机的开沟、播种、施肥、覆土、镇压功能外，一般还必须有清草排堵功能、破茬入土功能、种肥分施功能和地面仿形功能。

玉米免耕播种机在我国研制和使用较早，不少厂家都有适合一年两熟区小麦收获后的夏玉米免耕播种机，其中部分机型可用于一年一熟区的春玉米免耕播种。例如农哈哈 2BYFSF-4 型玉米播种机，专为旋耕机整地后的土质松软地况设计，解决了传统机具在这种地块工作阻力大、作业过后地表不平整、播种深度难以控制、出苗不齐的难题。前进机械 2BMZF-2 型免耕播种机，工作部件设计独特，整机作业效果突出，能在有全部秸秆覆盖、免耕的条件下进行作业，解决了在玉米秸秆覆盖条件下难以播种的难题，是目前国产较先进的免耕播种机。

2. 深松机

深松是在翻耕基础上利用深松铲疏松土壤、加深耕层而不翻转土壤、适合旱地的耕作方法。深松能调节土壤三相比，改善耕层土壤结构，提高土壤的蓄水抗旱能力。深松可以使土壤形成虚实并存的结构，这样结构有助于气体交换、矿物质分解、活化微生物、培肥地力。因此，在旱地保护性耕作中，深松被确定为一项基本的少耕作业。保护性耕作的深松作业是在秸秆覆盖条件下进行，所以要求有较强的通过性，生产上使用的深松机主要分为立柱式（凿式和铲式）和倒梯形深松机两种。目前关注度较高的深松机产品有以下几种。

（1）大华宝来 1S-300 型深松机

属于全方位式具备单一深松功能的深松机具，其深松铲采用特种弧面倒梯型设计，作业时不打乱土层、不翻土，实现全方位深松，形成贯通作业行的"鼠道"，松后地表平整，保持植被的完整性，经过重型镇压辊镇压提高保墒效果，可最大程度地减少土壤失墒，更利于免耕播种作业。

（2）东方红 1S-250 翼铲式深松机

这款产品标配 5 组翼铲式深松部件，配套 95~147 千瓦功率拖拉机。四组翼铲可根据配套动力及耕作需求调整安装位置，以获得最佳耕作效益。

（3）农哈哈 1SZL-250 深松整地联合作业机

这款产品深松和旋耕土地一次完成，既打破了多年形成的僵硬犁底层，又对土地表层进行了耕整，创造了有利于作物生长的种床，提高作物产量和品质。深松铲安装方便，调整快捷。一机多用，性价比高，整机是一台深松整地机，摘掉深松铲就是一台旋耕机。

3. 浅松机

浅松作业能够达到松土的目的，比较适合秸秆覆盖均匀且需要松土的田间使用，浅松作业的优点是对秸秆的覆盖率没有显著影响，同时还有利于提高地表温度、减小土壤容重，并起到一定的除草作用。试验表明，带大箭铲的浅松机是保护性耕作播前作业的最佳机具，其作用有松土、减少播种开沟器的开沟阻力、除草、平地等。中国农业大学研制的有与中型拖拉机配套的适合玉米保护性耕作的行间浅松机，以及与小四轮拖拉机配套的适合小麦保护性耕作的全面型小型浅松机，仍为试验机型，目前尚无定型产品。

4. 其他机具

除以上机具外，机械化保护性耕作实施中还需要秸秆粉碎机、喷雾机、缺口圆盘耙或弹齿耙等，根据需要有时也要用到旋耕机，这些机具没有特殊的要求，与传统作业机具性能要求相同。

第十二章 怎样运用玉米机械化高产栽培技术

发展玉米机械化高产栽培技术是农业生产发展的必然，也是农业机械化发展的客观要求。解决玉米栽培全程机械化问题是农村广大干部及群众的迫切要求，是农业生产的重要依托。玉米生产机械化水平低已成为制约实现农业机械化的瓶颈，发展玉米生产全程机械化，不仅可以减轻种植户的劳动强度、有效争抢农时，而且可以确保农艺措施到位、提高玉米产量、实现玉米种植节本增效。纵观世界各国玉米生产的发展，未来玉米的生产必然向机械化程度较高的集约化和规模化发展。

一、影响玉米机械化栽培发展的问题

（一）农民对玉米机械化栽培的认识误区

目前许多农民本身文化水平偏低，有很强的小农意识，对农业机械化认可度不高，总觉得手工劳作比机器靠谱，他们心疼花钱去买机械，宁愿雇用更多的劳动力去手工耕作。有些舍得下本购买机械的农民依然贪图便宜，购买廉价机械，但是后续维修保养等成问题。加上当前农民土地规模小，耕作的分散性使得机械很难发挥出其作用。

（二）农机和农艺不配套

目前许多地区农业、农机部门合作不够，农业机械与农艺相互配套适应性的研究滞后，在选用玉米品种和确定最佳种植方式上，不能使机器与农艺最大可能地结合配套，也不便于玉米收获机械的推广应用。还有许多类似环节上都存在这样的问题，影响了玉米机械化栽培的发展。农民需要的是能够满足不同农艺要求、性能可靠、操作简便、价格适应不同经济发展水平、机械效率高的系列化玉米栽培机械，这要求有关方面应统一规划和制定不同的发展目标，使各环节工作协调一致。

（三）玉米机械化播种的误区

机械化播种要求高质量的种子，一方面种子纯度要高，不能低于98%；另一方面种子发芽率要高，不能低于95%。而许多农民用普通种子作单粒播种使用，认为普通的种子自己手工挑挑就行了，一样可以作单粒播种的种子。另外，有的农机手随意设置株行距，对密度没有概念，有的机械化播种种肥不错行，造成化肥烧种，化肥使用量大的情况更严重。这些问题会造成保苗不全的问题，影响产量。

（四）玉米秸秆还田质量低

近年来机械化栽培，玉米秸秆还田技术逐步得到普及，但由于部分农民对这一技术掌握不够全面，耕作中出现了一些问题，产生负效应，具体表现在秸秆还田地块出现出苗率低、苗弱等现象，分析其原因主要是秸秆还田后土壤中氮素不足，使得微生物与作物争夺氮素，结果秸秆分解缓慢，苗因缺氮而黄化、生长不良。应该在秸秆粉碎后，旋耕或耕地以前在粉碎的秸秆表面撒施碳酸氢铵或尿素等氮肥，然后耕翻。有的秸秆粉碎不符合要求，秸秆过长，不利于耕翻，影响播种。应使用大型秸秆粉碎机，在旋耕时粉碎的秸秆与土壤搅和均匀，旋耕较深。

（五）缺乏籽粒机收玉米品种

适合机收且能在田中直接脱粒的玉米品种要求穗位一致，秸秆硬挺；籽粒为硬粒型，脱水快，收获时不易破碎；整个生育过程中，特别是后期具有较强的抗倒性。而目前各地广泛种植的玉米品种大多无法使用玉米籽粒收获机械，成为制约玉米收割与脱粒难以同步的一个因素。尽管各地都在试验选择相对适合籽粒机收获的玉米品种，但一时还无法满足生产上的需要。

二、玉米机械化高产栽培技术体系

农业机械化发展趋势已由种植环节机械化向全程机械化发展，实现玉米生产全程机械化将是我国农业机械化发展的重点。目前，我国玉米收获机械化技术研发已取得重大突破，随着玉米收获机械质量和技术的提升，农村经济不断发展和国家大幅度惠农政策的实施，必将激发农民购机的积极性，继小麦联合收获机全面推广取得良好势态后玉米联合收获机也会得到迅猛发展。由此可见，玉米收获机械化迎来了一个新的发展机遇，在今后的几年内必将呈现强劲的发展态势，成为我国农业机械化事业新的增长点。

玉米全程机械化生产是指在玉米生产的全过程中，从整地播种开始到收获脱粒等各个环节全部实现机械化作业。其技术路线为：整地→播种（施基肥）→药剂除草→中耕（追肥）→收获（秸秆还田）→运输→脱粒。当前要解决的主要问题是农机农艺不配套问题，重点要突破玉米收获机械化质量和整地方法等技术。

（一）整地

整地就是使用拖拉机于秋季收获后进行旋耕灭茬、深松、起垄、镇压等作业。有的地区推广以深松为主体的深松、旋耕、灭茬原垄种，三种作业方法在同一地块内三年轮换一个周期的整地方法。

1. 深松

应用73.5千瓦以上功率拖拉机配套深松机，对2~3年没有进行深松过的地块进行深松。一般深松深度在25厘米以上，超深松深度在35厘米以上。深松以打破犁底层为原则，能做到蓄水保墒，耕作层加深，提高了土壤的通透性，给玉米生产创造良好的地下生长环境，增强了抗御自然灾害的能力，增产增收效果显著。

2. 旋耕

应用58.8~73.5千瓦功率拖拉机配套灭茬旋耕起垄机，在有深松基础的地块进行，一次完成灭茬、旋耕、起垄、镇压，达到待播状态，作业耕深为16厘米左右。

3. 灭茬原垄种

应用58.8千瓦以下功率拖拉机，配套相应灭茬机，在有深松基础的地块进行，一次完成灭茬、起垄、镇压，达到待播状态，作业耕深为8~10厘米。

播种夏玉米前收获小麦时应选用带秸秆粉碎和抛撒装置的小麦联合收割机进行收割作业，小麦留茬高度在15厘米以下，麦秸粉碎长度不超过10厘米，麦秸在田间抛撒均匀，为方便玉米播种、提高播种质量奠定基础。一般土壤湿度以10厘米深度内达到土壤田间持水量的70%左右为宜。播种时要坚持足墒播种，保证全苗。

（二）播种

1. 品种选择

应选用株型紧凑、耐密植、抗病、抗倒且株高、穗位、生育期适宜的高产优质品种。种子质量要达到纯度99.9%、净度99.9%、发芽率100%、籽粒大小均匀。使用包衣种或药剂拌种，以防地下虫害和苗期病害的发生。

2. 播种方法

主要推广机械精少量播种技术。应用精量（精少量）播种机在土壤含水量能够保证种子正常发芽出苗的地块进行，一次作业完成施肥、开沟、播种、覆土、镇压等多项作业。做到适时播种，在地表下10厘米土层温度达8℃以上时播种较为适宜。夏玉米的播种应在大面积小麦收获7~10天后集中播种，以避开灰飞虱的迁飞高峰，减轻粗缩病的发生；严格掌握播种深度和宽度，一般开沟深度为6~7厘米，覆土镇压后为4~5厘米，开沟宽度以9厘米以上为宜；根据地力确定株距和行距，选择排种轮，一般行距为50~60厘米，株距24~28厘米，比较合理。宽窄行行距范围在30~90厘米。播种量在每公顷30.0~37.5千克；施足基肥，可用侧深位施肥法，使种肥分离，避免烧种。

播种作业过程中，严格按照操作规程，播种速度不可过快，确保播种质量，达到播种均匀，覆土、播深一致，覆土要严密，镇压要实。还要跟踪播种机逐行检查，对裸露种子及时覆土，对因秸秆、泥土等堵塞未播下种子的地段及时补种。

（三）施肥

1. 播种同时深施基肥

在每公顷施5~10吨有机肥作基肥的基础上，每公顷用磷酸二铵165千克、氯化钾165千克、硫酸锌15千克作种肥。应用播种机具在玉米播种同时，将玉米种肥正位或侧位施入种子正下方或侧下方4~6厘米深处，种肥隔离。施肥量视玉米品种和土壤肥力状况而定，以满足玉米苗期对氮肥的需求和一生对磷、钾肥的需求。

2. 结合中耕追肥

中耕机具一般为微耕机或多行中耕机、中耕追肥机。主要应用带施肥装置的中耕犁，在拔节期（7~8片叶）结合中耕追肥，可根据土壤肥力及目标产量等适量追施肥，一般每公顷追施尿素375~450千克，追肥时应使用化肥深施机具深施肥，以提高化肥利用率。

（四）田间管理

1. 药剂除草

应用喷药机在玉米播种后出苗前喷施化学除草剂进行封闭灭草，视玉米田杂草种类和数量确定除草剂类型和施药量。播种后，墒情好时每公顷可直接喷施 40% 乙·莠悬浮剂 3000~3750 毫升，或 33% 二甲戊乐灵乳油 1500 毫升＋72% 异丙甲草胺乳油 1125 毫升加水 750 千克进行喷雾；墒情差时，在玉米幼苗 3~5 叶期，杂草 2~5 叶期时，每公顷喷施 4% 烟嘧磺隆悬浮剂 1500 毫升。

2. 及时间苗、定苗

非精量播种要求及时间苗、定苗。实践表明，玉米 5 叶期为最佳定苗期，定苗一定要根据品种特点，适当增加密度才能高产。耐密型品种及高产田的适宜留苗密度为每公顷 6.75 万 ~7.5 万株，而稀植型品种及地力水平较差地块则以留苗 5.25 万 ~6 万株为宜。

3. 中耕深松

机械中耕追肥技术是田间管理的重要内容，目的是消灭杂草虫害，培土保墒，补充肥力。一般要求进行 3 遍。第一遍在苗高 6~7 厘米（3 叶 1 心期）时进行，中耕机带靴形窄铧深趟，苗眼不上土；第二遍在玉米植株长到 7~8 片叶子（开始拔节）时，结合追肥进行中耕深松；第三遍在进入雨季前，封起大垄，机械中耕追肥结束。

4. 防治病虫害

玉米病虫草机械化防控技术，是以机动喷雾机喷施药剂为核心内容的机械化技术。目前，植保机具种类较多，可根据情况选用背负式机动喷雾机、动力喷雾机、喷杆式喷雾机、风送式喷雾机、农用飞机或无人植保机。在玉米播种后芽前喷施乙草胺防治草害；对早播田块在苗期喷施乐斯本内吸剂防治灰飞虱、蚜虫，控制病毒病的危害；在玉米生长中后期施三唑酮、毒死蜱等农药，防治玉米大小斑病和玉米螟等病虫害。

黏虫用灭幼脲和辛硫磷乳油等喷雾防治；用 5% 吡虫啉乳油 2000~3000 倍液喷雾防治蓟马；对二点委夜蛾于玉米 6 叶期前及时选用毒死蜱、高效氯氟氰菊酯兑水进行喷雾防治；防治玉米螟可在心叶末期每公顷用 1.5% 辛硫磷颗粒剂 3.75 千克，掺细沙 112.5 千克，混匀后撒入心叶（每株 1.5~2 克）。

采用无人机喷洒农药高效安全环保。无人机因其质量小、机动性好，且可灵活调整飞行速度、喷洒高度等优势，在地形复杂地区的农药喷洒作业中得到应用。利用无人机喷洒农药，可以提高农药喷洒均匀度，减少农药浪费，与常规的人工作业相比，不仅可以保证作业人员的安全，还可以保证喷洒农药的适量性，大大提高了农药喷洒效率。

（五）收获和脱粒

1. 收获

目前应用较多的玉米联合收获机械有摘穗型和摘穗脱粒型两种。摘穗型分悬挂式玉米联合收割机和小麦、玉米联合收割机互换割台型两种，可一次性完成摘穗、集穗、自卸、秸秆还田多项作业。摘穗脱粒型玉米收割机是在小麦联合收割机的基础上加装玉米收割、脱粒部件，实现全喂入收割玉米，一次性完成脱粒、清洗、集装、自卸、粉碎秸秆等作业。提倡玉米适时晚收，玉米完全成熟，苞叶枯黄松动，为最佳收获期。采用机械收获可提高作业效率 80~100 倍，每公顷可降低生产成本 150~600 元。

2. 脱粒

玉米收获时一般含水量较高，在 30% 左右，此时不宜进行机械脱粒。玉米脱粒主要应用玉米脱粒机，只有在玉米含水量降到 20% 以下或冬季封冻后进行，才能保证玉米的脱净率和脱粒破损率符合要求。